福尔摩斯探案与思维故事

[英] 柯南·道尔 / 原著

何敏 陈自萍 黄晓勤 / 编著

4 神奇的密码

U0308922

时代出版传媒股份有限公司
安徽少年儿童出版社

图书在版编目（CIP）数据

福尔摩斯探案与思维故事.4，神奇的密码/（英）
柯南·道尔原著；何敏，陈自萍，黄晓勤编著.— 合肥：
安徽少年儿童出版社，2022.4（2024.1重印）

ISBN 978-7-5707-1253-3

Ⅰ.①福… Ⅱ.①柯… ②何… ③陈… ④黄… Ⅲ.
①数学－少儿读物 Ⅳ.①O1-49

中国版本图书馆CIP数据核字（2021）第229727号

FU' ERMOSI TAN' AN YU SIWEI GUSHI 4 SHENQI DE MIMA

福尔摩斯探案与思维故事·4 神奇的密码

［英］柯南·道尔/原著

何敏　陈自萍　黄晓勤/编著

出 版 人：李玲玲　　　策划统筹：黄　馨　郝雅琴　　　责任编辑：郝雅琴

责任校对：邬晓燕　　　责任印制：郭　玲　　　　　　　封面绘图：陈小锋

内文插图：罗翠华

出版发行：安徽少年儿童出版社　　E-mail：ahse1984@163.com

新浪官方微博：http://weibo.com/ahsecbs

（安徽省合肥市翡翠路1118号出版传媒广场　　邮政编码：230071）

出版部电话：（0551）63533536（办公室）　63533533（传真）

（如发现印装质量问题，影响阅读，请与本社出版部联系调换）

印　　制：阳谷毕升印务有限公司

开　　本：635 mm×900 mm　　1/16　　印张：13　　　　字数：90千字

版　　次：2022年4月第1版　　　2024年1月第3次印刷

ISBN　978-7-5707-1253-3　　　　　　　　　　　　　定价：49.80元

目 录

1

福尔摩斯
冒险史

绿玉皇冠案

1

　　这是一个冬天的早晨。昨晚下过大雪，大地穿上了厚厚的白色外套。人行道已被清扫过，不过还是滑溜得厉害，路上几乎没有行人。华生站在窗前，欣赏街上的景色。忽然，一个孤零零的人闯进了他的视线。

　　这个人大约五十岁，着装相当讲究。他身穿黑色礼服，头戴精致的帽子，脚蹬棕色高筒靴，裤子的剪裁也很考究。奇怪的是，他虽然穿着非常得体，但动作却十分滑稽——他正在拼命奔跑。地上太滑，

3

为了保持平衡，他的双手不停地上下挥动，脑袋也晃来晃去。

"他是不是出了什么事？"华生不禁问道，"我看他好像还在找房子的门牌号。"

福尔摩斯懒洋洋地站了起来，双手插在衣兜里，从华生的背后望出去："我想，他是来找我们的。"

"来找我们的？"华生惊讶地问道。

"是的，他应该是遇到了麻烦，想找我帮忙。"

福尔摩斯话音刚落，急促的门铃声便响了起来。片刻后，那个人出现在了福尔摩斯的客厅里。来人气喘吁吁，胸部剧烈地起伏着，他越着急越说

不出话来，只能疯狂地扯着头发，像是一个失去理智的人。突然，他

猛地跳起来，把脑袋往墙上撞。

福尔摩斯和华生吓了一大跳，赶紧把他拉住，拖到房间中央。福尔摩斯将他按到沙发上坐下，自己也坐在一旁陪着他："这位先生，你跑这么远，累着了吧？先休息一下，等你缓过劲来，再跟我聊聊你遇到的问题。"

那个人点了点头。坐了一两分钟后，他终于平静下来，掏出手帕擦了擦前额的汗珠，说："两位先生，我是不是像疯了一样？唉，天晓得我遇到了多大的麻烦！这不仅是我的麻烦，要是找不到解决办法，我们国家最尊贵的那个人都会受到牵连。"

福尔摩斯拍拍他的胳膊，说："先生，你得先说说你是谁，出了什么事情。"

"我是霍尔德银行的，我叫霍尔德。"这位客人回答说，"福尔摩斯先生，警察局向我推荐了你，我就火速赶到了这里。我尽量简洁明了地讲讲事情的经过。"

　　福尔摩斯和华生都听过霍尔德这个名字，霍尔德是**伦敦城私人银行**的大老板。究竟是什么**棘手**的难题，能把这位大银行家吓成这样呢？

　　事情是这样的。霍尔德的银行有贷款的业务，一些名门望族也会向霍尔德贷款，他们的抵押物都很名贵，或是传世名画，或是稀世珍宝。昨天上午，霍尔德正在办公室工作，突然有人登门拜访。霍尔德吓了一大跳，因为来人是尊贵的英国王室的成员。他一进来，便**开门见山**地说道，他想贷款五万英镑，下星期一归还贷款。

　　按照银行的规定，贷款必须要有抵押品。委托人把他带来的一个黑色盒子端了起来："霍尔德先生，你一定听说过**绿玉皇冠**吧？"绿玉皇冠是英国王室有名的宝物。委托人一边说着，一边打开盒子。那件华丽珍贵的宝物就躺在柔软的天鹅绒上面，灿

烂夺目。"先生，这顶绿玉皇冠价值连城，上面有三十九颗绿宝玉，这就是我的抵押品。"

霍尔德战战兢兢地接过盒子，有些不知所措。

委托人说："霍尔德先生，这顶皇冠你可要保管好了。要是皇冠受到任何损坏，都会变成一起轰动全国的大丑闻。我信任你，才把皇冠留在这里，千万不要出岔子。四天之内，我的另一笔钱款会到账，所以**星期一上午**我会亲自来取回这顶皇冠。"

客人走后，只剩霍尔德独自一人待在办公室里。他看着桌上装着珍贵宝物的盒子，内心忐忑不安。绿玉皇冠可是国宝啊！倘若它出现任何意外，就会暴露王室缺钱，来找银行贷款的秘密，这将成为一桩惊天大丑闻。

霍尔德开始后悔了，他扶着额头叹气道："唉，我为什么会同意这笔交易？这就是烫手的山芋啊！我怎么能接下来呢？"可是，后悔也于事无补。

霍尔德只好**小心翼翼**地把盒子锁在他的私人保险箱里。

傍晚下班时，霍尔德琢磨着，这么贵重的东西不能放在办公室里。前不久，银行的保险箱还被小偷撬开过，保险箱也不可靠。霍尔德决定，之后几天，他要随身携带这个盒子，确保**万无一失**。霍尔德回到家，把盒子锁在了他卧室的大橱柜里。

霍尔德家里住着好几口人。他的马夫和仆人住在房子外面，还有三个老实可靠的女用人，在他家已经工作了很多年。但有个新来的女仆有点儿不让人省心，她叫露茜，头脑很灵活，干活也很麻利；但她是个活泼漂亮的姑娘，身边有很多追求者，所以她经常偷偷溜出去约会。

再说说霍尔德的家人，霍尔德的妻子很早就去世了，只留下一个名叫阿瑟的独生子。霍尔德先生希望阿瑟将来能继承他的事业，可儿子总是让他失

望。在霍尔德看来，阿瑟不仅没什么经商的才能，还任性放纵。他加入了一家贵族俱乐部。在俱乐部里，阿瑟和那些挥霍成性的纨绔子弟成了朋友，染上了一些恶习，比如说，在牌桌上下大赌注，在赛马场上乱花钱。

阿瑟的堕落，离不开一个酒肉朋友的推波助澜。这个朋友是谁呢？

2

阿瑟在贵族俱乐部里挥金如土，最后欠下不少债务，常常找父亲霍尔德预支零花钱。阿瑟也明白这样不好，他努力过很多次，想和那帮害人的朋友断绝关系。可是，一个叫乔治爵士的伪君子，总是一次次地把阿瑟拉回深渊。

乔治爵士比阿瑟年纪大，长得一表人才，能说会道，但却是一个**表里不一**的人。阿瑟经常把他带到家里来。霍尔德见过乔治，说实话，他一开始也被乔治的花言巧语迷惑了。不过，霍尔德有着丰富的人生经验。他撇开乔治仪容上的魅力，冷静地思考乔治的为人。乔治那冷嘲热讽的谈吐和看人时不屑的眼神，都让霍尔德意识到：这个人**金玉其外，败絮其中**，不值得深交。

除了儿子阿瑟，霍尔德家里还有他的侄女玛丽。五年前，玛丽的父亲去世了，霍尔德先生就收养了**孤苦伶仃**的玛丽，视她为自己的亲生女儿。玛丽温柔美丽，身上有一种文雅恬静的气质。她很会操持家务，替霍尔德先生把家里打理得井井有条。

霍尔德对玛丽很满意。但有件事一直是霍尔德的心病。原来，他的儿子阿瑟深爱着玛丽，还向玛丽求过两次婚，但玛丽都拒绝了。霍尔德不免觉得遗憾，他心想：要是玛丽能答应就好了，她一定能

把阿瑟引到正路上来。

霍尔德介绍完家里的情况，继续说绿玉皇冠的事情。带皇冠回家的那天晚上，他把皇冠的事讲给了阿瑟和玛丽听。霍尔德还告诉他们，那件贵重的宝物现在就在屋子里。女仆露茜曾经在他们谈话时端来了咖啡，不知道她离开房间时，有没有听到这番对话。

玛丽和阿瑟对皇冠很感兴趣，他们兴奋地说："你把皇冠拿出来，让我们见识见识嘛！"

霍尔德摆摆手不同意："我已经把它放好了，我们最好别去动它。"

"哦？爸爸，你把它放到哪里了？"阿瑟问道。

"就在我卧室的柜子里。"

阿瑟撇撇嘴说："你把皇冠放在那儿啊！唉，但愿它不会被偷走。"

霍尔德瞪了阿瑟一眼，说："我把柜子锁上了。"

阿瑟却耸耸肩说："爸爸，那个锁太破了，随便拿把旧钥匙就能打开。我小时候还用厨房柜子的钥匙打开过它。"

"是吗？"霍尔德微微一笑，根本没有在意。他很少认真考虑阿瑟说的话，只当儿子是在开玩笑吓唬自己。

夜深了，霍尔德回到卧室，准备熄灯睡觉。这时阿瑟走了进来，脸色十分难看。他垂着眼皮，不敢看霍尔德的眼睛："爸爸，你能不能给我200英镑？"

"当然不行！"霍尔德严厉地回答，"我以前对你太大方了，才让你染上了那些恶习！"

阿瑟哀求道："爸爸，我真的需要这笔钱。要不然，我就再也没脸进俱乐部了！爸爸！"

"那再好不过了！"霍尔德愤怒地说道。

"爸爸！我不能在我的朋友面前丢脸，我受不了！我一定要筹到这笔钱。要是你不肯给我，我就

去试试别的法子。"阿瑟竟然威胁爸爸。

霍尔德非常生气，这个月阿瑟已经问他要过两次钱了。他瞪着阿瑟，怒吼道："赶紧从我眼前消失！别**痴心妄想**了，我一分钱都不会给你！"

阿瑟脸色铁青，一言不发。他鞠了一躬，默默地离开了房间。

阿瑟走后，霍尔德将柜子打开，确认宝物完好无损。他又把柜子锁上，到房子各处巡视，检查有没有什么纰漏。平日里，这些事都是玛丽在操心。但在今天这个特殊的晚上，霍尔德觉得有必要亲自视察一番。他走下楼梯时，正好看见玛丽一个人站在大厅的边窗那里。

见霍尔德走了过来，玛丽立马把窗户关上，还插上了插销。

玛丽的神情十分慌张，脸**红彤彤**的。她略带不安地说："叔叔，是你允许女仆露茜出去的吗？"

"当然没有。"霍尔德不满地说道。

玛丽愁眉不展地说:"叔叔,露茜刚从后门进来。我猜,她刚才一定是到边门去见什么人了。这样太不安全了,我们必须制止她。"

看来露茜又偷溜出去约会了。霍尔德点点头,说:"玛丽,那你明天早上跟她说说这件事。你确定所有门窗都关好了吗?"

"我确定。"

"嗯,很好。晚安!"霍尔德转身上楼,回到卧室,不久就睡着了。

霍尔德睡得并不沉。他装着心事,很容易被惊醒。大概在凌晨两点钟的时候,他被某种响声吵醒了。这声音只响了一下,听起来似乎是什么地方的一扇窗户被轻轻地关上了。霍尔德立马警觉起来,他侧着身子,**全神贯注**地探听外面的动静。忽然,隔壁房间里传来清晰的、轻轻走动的脚步声。霍尔德脑海中浮现出一个不好的念头。

他胆战心惊地起身，悄悄地下了床，并从他卧室的门缝张望过去。竟然是他的儿子阿瑟。

房间外的煤气灯还半亮着。阿瑟只穿了单薄的衬衫和裤子。他站在灯旁，手里拿着那顶皇冠。他似乎在用尽浑身力气扳动皇冠。

"阿瑟！"霍尔德尖叫起来，"你这流氓！你这个无耻的小偷！你怎么敢碰那顶皇冠！"

听到霍尔德的喊声，阿瑟吓了一跳，他手一松，皇冠便掉落到了地上。阿瑟的脸比纸还要苍白。

霍尔德扑上去，把皇冠抢到手。他低头一看，天哪！皇冠边角处的三颗绿玉不见了。"你这个恶棍！混蛋！绿玉丢了！"霍尔德气得发狂，他破口大骂道，"你让我永远抬不起头了！阿瑟！你偷走的那三颗绿玉哪儿去了？"

"偷？！"阿瑟瞪大了眼睛，难以置信地反问道。

"是的，你这个无耻的贼！你把绿玉弄丢了，你把皇冠弄坏了！"霍尔德吼叫着，失控地摇着阿瑟的肩膀。

阿瑟为什么会出现在这里？皇冠为什么在他手里？他真的是小偷吗？

3

阿瑟茫然地辩驳道："丢东西了吗？没有丢的，不可能丢什么。"

霍尔德怒火中烧，指着皇冠说道："这里有三颗绿玉不见了。你一定知道它们在哪儿！阿瑟，你不仅要当小偷，还想当骗子吗？我明明当场抓住你，亲眼看见你正准备把另外一颗绿玉也扳下来！"

阿瑟气鼓鼓地回击道："你骂够了没有！我真的受不了了！爸爸，既然你随意侮辱我，那我也没什么好解释的！这件事我不会再多提一句。天一亮，我就收拾东西离开，我不靠你也可以活！"

"哪有那么简单！我马上就报警！你必须为此付出代价！"霍尔德气急败坏地喊道，"这件事我要追究到底！"

阿瑟的情绪特别激动，他嚷嚷着："你别想从我这里知道任何消息！你要报警就赶紧报！让警察来搜一搜！"

霍尔德和阿瑟的争吵惊动了全家人。玛丽首先冲过来。一看见那顶皇冠和阿瑟的脸色，她尖叫一声，昏倒在地。

霍尔德让女用人去报警。阿瑟抱着胳膊问道："爸爸，你是不是打算控告我偷窃？"

霍尔德严肃地回答："阿瑟，你弄坏的皇冠是国家财产。这不是你我之间的私事，我不得不依法行事。"

阿瑟妥协了，他说道："好吧，爸爸，你再给我五分钟，只要我能离开五分钟，这对我们两人都有好处。"

霍尔德像是听到了什么笑话，大声回绝道："不可能！你就是想找机会逃跑，或者把你偷到的东西藏起来。阿瑟，你已经被抓了现形，抵赖只会加重

你的罪行。你要是把绿玉的下落告诉警察，说不定事情还能补救，我也愿意宽恕你。"

"省省吧，我不需要。"看爸爸根本不相信自己的话，阿瑟轻蔑地冷笑了一声。警察们赶来后，立刻进行了全面搜查，却没有发现绿玉。大家又是劝诱又是恐吓，阿瑟还是不肯透露发生了什么。最后，他被送进了牢房。

霍尔德焦头烂额，一筹莫展，警察局建议他找福尔摩斯帮忙。这就是霍尔德登门拜访的原因。

"福尔摩斯先生，我该怎么办呢？一夜之间，我就失去了我的信誉、我的绿玉，还有我的儿子。我该怎么办呢？"霍尔德用手抱着脑袋，全身晃来晃去，自言自语地嘟哝着，像一个痛苦的孩子。

福尔摩斯皱着眉头，静静地凝视着炉火。几分钟后，福尔摩斯开口问道："霍尔德先生，你家里的客人多吗？"

"只有阿瑟的那个朋友，乔治爵士，他经常到家里来。除了他，就没有别的什么人了。"

福尔摩斯又问道："你经常出去参加社交活动吗？"

霍尔德摇了摇头，说道："阿瑟经常去。玛丽和我都爱待在家里。我们俩都不喜欢吵闹的地方。"

福尔摩斯意味深长地说道："对于一个年轻姑娘来说，这很不寻常啊！霍尔德先生,照你刚才说的，皇冠一事对她的冲击也很大，对吗？"

霍尔德忧心忡忡地说道："对，她可能比我更震惊。我想，应该是因为她太担心阿瑟吧。"

福尔摩斯又问道："那你认定你儿子有罪吗？"

霍尔德无奈地说："这不是明摆着的事实吗？我亲眼看见他手里拿着皇冠，皇冠还被他扳歪了。"

福尔摩斯却说："我不这么认为。或许他当时是想把它扳直。"

霍尔德不赞同福尔摩斯的观点："那阿瑟为什么会出现在那儿？如果他是清白无辜的，他为什么不为自己辩解呢？"

福尔摩斯用手指有节奏地敲打着沙发："正是这样。如果他有罪的话，他为什么不编造一个谎言？这个案子没那么简单。先生，你想想，你儿子从床上下来，冒着风险溜进你的卧室，打开柜子，取出那顶皇冠。他费力扳下三颗绿玉，再跑到别的地方把那三颗绿玉藏起来，又冒着风险把那顶破损的皇冠带回来。**他为什么不直接把整顶皇冠偷走？**"

在福尔摩斯看来，整个案件疑点重重，他决定去霍尔德家实地调查。去的路上，福尔摩斯一言不发。他把下巴贴到胸口上，把帽子拉下来遮住眼睛，完全沉浸在自己的世界里。

霍尔德的家离马路有点儿远。屋子右边有一条狭窄的小路，连接着大马路和厨房门，这是小贩们进出的道路。屋子左边有另外一条小路通到马厩。

福尔摩斯绕着屋子，慢慢地转了一圈。他走过通往边门的小路，又绕到花园后面，查看通往马厩的小路。他来来回回走了好长一段时间，霍尔德和华生索性进屋，在壁炉边等候他。

忽然，一位年轻的女子走进了屋子。她身材苗条，皮肤苍白，嘴唇毫无血色，眼睛哭得又红又肿。女子静悄悄地走了过来，对霍尔德说："叔叔，阿瑟

怎么样了？快把他放出来吧。我的直觉告诉我，他是无辜的。叔叔，你要相信我。"

霍尔德也很痛苦，他伤心地说道："阿瑟的举止太奇怪了，我没办法相信他。眼见为实，我确实看见那顶皇冠在他手里拿着。找不到绿玉我决不罢休！这已经不是我的私事了。玛丽，我请了一位先生来调查这件事。他现在就在通往马厩的那条小路边。"

"通往马厩的那条小路？"玛丽的眉毛向上一扬，"在那里能找到什么？哦，我想这就是那位先生吧。"玛丽对着福尔摩斯大声说，"先生，你一定能证明我说的话，我的堂兄阿瑟确实是无辜的。"

福尔摩斯大步跨进房间，说："我同意你的看法，而且，有了你的帮助，我们很快就能证明这一点。"

福尔摩斯实地调查后，有没有发现什么新线索呢？他真的能证明阿瑟的清白吗？

4

在福尔摩斯的询问下，玛丽回忆说，昨天夜里她在房间睡觉，后来听到了大动静，她才下楼来查看。

福尔摩斯问道："玛丽小姐，你昨晚把所有门窗都锁上了吗？"

玛丽点点头，回答说："都锁上了。"

福尔摩斯又问："玛丽小姐，你家里有个叫露茜的女仆是吧，昨晚你说她出去约会了？"

"是的，露茜可能也听到了关于皇冠的事情。"玛丽多解释了一句。

福尔摩斯眉头一挑，说："你的意思是，露茜可能把这事儿告诉了她的恋人，他们俩也许在密谋盗窃这顶皇冠，是这样吗？"

玛丽没有正面回答，只是说："我当时去查看厨房门有没有锁好，正好碰见露茜偷偷溜进来。我

还看见那个男人站在暗处，他是给我们送蔬菜的卖菜贩子。"

"那个男人还装有一条**木头假腿**？"

听到这话，玛丽的脸上一下子露出了害怕的神色："先生，**你真像个魔术师**，你是怎么知道的？"

福尔摩斯微微一笑，没有答话。他又上了楼，走到霍尔德先生卧室的大柜子前。福尔摩斯盯着上面的锁看了好一会儿，问道："先生，你是用哪把钥匙打开这锁的？"

霍尔德回答说："就是阿瑟说的——厨房柜子的钥匙。"

"这是一把无声的锁，难怪它没有吵醒你。"福尔摩斯打开盒子，将皇冠取出来。皇冠本是一件华丽的珠宝工艺品，现在，它的一边出现了一道裂口，一个角上还缺了三颗绿玉。

"霍尔德先生，"福尔摩斯说，"这儿有个边角和丢失绿玉的那个边角是对称的。我想请你试一试，看能否扳动它。"

"不不不！"霍尔德像躲避瘟疫一样，慌忙后退说，"福尔摩斯先生，我做梦都不敢去扳它。"

"那我来试试。"福尔摩斯憋足了劲儿去扳它，但皇冠纹丝不动，"霍尔德先生，你看，一般人是不可能扳动它的。如果真的扳动了，会是什么情况呢？它会猛地发出像枪击一样的声音。你说，阿瑟当时要是真的扳动它了，你会什么声音都没听见吗？"

"我……我不知道，我什么问题也看不出来。"霍尔德懊恼地说道。

"好吧，我们说点儿其他的。你抓住阿瑟时，他没有穿鞋，是吗？"

"是的，只穿了衬衫和裤子。"

福尔摩斯说他还要到屋外取证。他在户外忙碌了一个多小时，回屋时，脚上满是积雪："霍尔德先生，我已经有答案了。明天上午九点钟，如果你能到贝克街来找我，你会得到事情的真相。再见！也许傍晚以前，我会再过来一次。"

福尔摩斯回到家，立马进了他的房间。几分钟后，他把自己扮成了一个邋遢的流浪汉。他穿着磨得发亮的破外衣，脚上还穿着一双破旧的皮靴，活脱儿一副乞丐模样。

"医生，我可能会找到这个案子的真相，也有可能是在瞎忙活，希望能尽快回来吧。"福尔摩斯一边对华生说话，一边割了一大块牛肉，夹在两片面包里，一股脑塞进口袋后，便匆匆离开了。

几个小时后，福尔摩斯兴高采烈地推开门冲了进来，手里还晃着一只**旧靴子**。福尔摩斯把那只旧靴子扔在角落里，对华生说："我只是路过，马上就得走。事情进展得还可以。我不能干坐在这里闲聊天，我得把这套衣服脱下来，换上另一套衣服。"

福尔摩斯的眼睛里闪烁着光芒，菜色的面颊上泛起了激动的红晕。几分钟后，大厅的门砰的一响，福尔摩斯又出去了。

华生一直等到半夜，还是没见他回来。第二天早晨，华生起床后，发现福尔摩斯已经坐在餐桌前，一只手端着咖啡，一只手拿着报纸。门铃声突然响了起来，福尔摩斯愉快地说道："现在是九点钟，我们的朋友来了。"

来人正是霍尔德。一夜之间，他的相貌发生了巨大的改变：原本宽阔结实的脸庞，现在完全消瘦了下去，头发也比以前更灰白。霍尔德带着萎靡困顿的倦容走了进来，痛苦地跌坐在沙发上。

"天哪！我是不是做了什么缺德事？上天要让我遭受这么残酷的惩罚。两天以前，我还是一个幸福的人，无忧无虑地生活着。现在，我失去了名声，

失去了儿子，我的侄女玛丽也抛弃了我。"

福尔摩斯问道："抛弃了你？"

"是的。今天早晨，我发现玛丽不见了。她在大厅桌子上留了一张便条。福尔摩斯先生，玛丽是想要自杀吗？"霍尔德紧张地问道。

"霍尔德先生，你不用担心她。另外，你苦恼的那些事也要结束了。我想，我还需要一笔小小的酬金，**3000英镑**，你不会舍不得吧？"

霍尔德茫然地开了一张支票。

福尔摩斯走到书桌前，从抽屉里取出一个三角形的纸包，纸包里竟是三颗绿玉。

"你找到它们了！"霍尔德兴奋地大叫一声，一把将纸包抓在手中，紧紧地贴在胸前，"老天爷！我得救了！我得救了！"

"你还欠了一笔债，先生。"福尔摩斯严肃地说道。

"欠债？"霍尔德拿起笔，爽快地说道，"欠了多少？我马上还。"

"不，你不欠我什么了，你欠的是一位高尚的小伙子——你的儿子。他把这件事揽在了自己身上。"

"皇冠真的不是阿瑟拿走的？"霍尔德感到非

常困惑。

"我昨天已经说过了，今天就再重复一遍，不是他。有一件事我必须告诉你，乔治爵士和你的侄女玛丽关系不一般，他们俩已经一块儿逃走了。"

"玛丽？不可能！"霍尔德疑心自己听错了，他猛地瞪大了双眼。

"这是事实，你只能接受。你和你的儿子，都没看穿乔治的真面目。他是一个潦倒的赌徒，一个凶恶的流氓，一个没有良知的人。他用花言巧语迷惑了玛丽，他们俩经常见面。"

听了这话，霍尔德的脸变成了灰白色。

霍尔德完全没有料到，自己温顺乖巧的侄女，居然会做出这种事情。玛丽为什么会突然逃跑，她和皇冠案又有什么关联呢？

5

　　"前天晚上你家里所发生的一切，其实是这样的：玛丽以为你已经回到房间去休息了，所以她悄悄溜下来，站在那扇窗户旁和乔治说话。他们聊了很久，乔治的脚印印透了地上的雪。玛丽提到了那顶皇冠。这个情报燃起了乔治的贪欲，他怂恿玛丽把皇冠偷出来。他们还在商量，你就突然走了出来。玛丽急忙把窗户关上，故意说起露茜的行踪，转移你的注意力。

　　"至于阿瑟，他找你要钱碰了钉子，只好回去睡觉。因为欠了俱乐部的债，他心神不安，难以入睡。半夜，他忽然听见了轻轻的脚步声。阿瑟好奇地起身查看，居然看到玛丽**蹑手蹑脚**地沿着过道走过去。玛丽奇怪的举动让阿瑟很是惊讶，于是他急忙披上衬衫，悄悄地跟了过去，想要一探究竟。借着楼道

的灯光，阿瑟看见玛丽拿着那顶皇冠走向楼梯，又将窗户打开，把皇冠递了出去。把皇冠递出去后，玛丽匆匆地回到了自己的房间。

"阿瑟马上意识到了事情的严重性。他光着脚奔下楼，从那扇窗户翻了出去。阿瑟跳到外面的雪地里，沿着小道追踪。皎洁的月光下，出现了一个黑影，那人正是乔治。阿瑟追上了他，想把皇冠抢回来。争执中，阿瑟抓住了皇冠的一端，乔治抓着另外一端。扭打时，阿瑟揍了对方一拳，打伤了他的眼部。这时忽然间有什么东西被扯断了。阿瑟抢回了皇冠，急忙跑了回来。回到家后，他才发现那顶皇冠被扯坏了。正当他费力地想把皇冠扳正的时候，霍尔德先生，你就出现了。"

福尔摩斯接着说："阿瑟本以为你会激动地感谢他，没想到，迎接他的却是劈头盖脸的一顿臭骂。你的谩骂激起了他的怒火，此外，他也想要保护玛丽，所以，他想替玛丽把这个秘密隐藏起来。"

霍尔德先生追悔莫及，大声嚷道："怪不得玛丽一看到那顶皇冠就昏了过去。噢，我的天！我真是瞎了眼的蠢人！是的，阿瑟说过，他想出去五分钟，他一定是想去雪地里找那三颗绿玉。我冤枉他了！"

福尔摩斯说："我到你家里实地考察时，先是仔细地查看了房子周围的情况，看看雪地里有什么痕迹。我经过了卖菜贩子所走的那一条小路，但那里的大部分脚印都被踩得乱七八糟，已经无法辨别。不过，在离厨房门稍远的地方，我发现了一个女人和一个男人的脚印。其中有一个脚印是圆的，说明这个人有一条木制的假腿。这应该就是女仆露茜恋人的脚印。我又在花园里绕了一圈，除杂乱的脚印外，没有什么新发现；但是当我走到通往马厩的那条小路时，**我发现了重要的线索。**

"那里有一对脚印，脚印的主人穿着靴子。另外还有一对脚印，这是一个光脚的人留下的。根据你提供的信息，可以证实后一对脚印是阿瑟的。前一对脚印来回走动过，后一对又盖在前一对上，显然，光脚的人是在后头追。我逆着这些脚印往回走，发现它们通向大厅的窗户，那穿靴子的人显然在那里站了很久，还把周围的雪都踩化了。跟随着脚印，我能看出那个穿靴子的人曾转过身来，有些地方的雪被踩得狼藉不堪，还留有几滴血迹，说明那里发生过一场搏斗。后来，那个穿靴子的人沿着小路跑到了马路上。工人已经清扫过马路上的积雪，线索就此中断。

"调查完屋子周围的情况，我已经有了初步的想法。也就是说，一个人曾在窗外站了很久，另一个人把绿玉皇冠带到窗口交给了他。这个情况被阿瑟撞见了。他去追那个贼，并和他搏斗；他们两个人一起抓住那顶皇冠，大力争夺，无意中扯坏了皇冠。

阿瑟最后抢回了皇冠，扯下来的部分却落在了对手手中。我当时能弄清楚的就是这些。现在的问题是，那个贼是谁？又是谁把皇冠拿给他的？被怀疑的对

象只有玛丽和女仆。如果是女仆犯的错，阿瑟为什么愿意替她受过呢？这里没有站得住脚的理由。如果内贼是玛丽，这就说得通了。正因为阿瑟深爱着玛丽，所以他要替玛丽保守秘密。我记得你说过，曾经看到玛丽站在窗户旁边，再后来，玛丽一见到皇冠便昏了过去，这都证明我的猜测是对的。

"玛丽的同伙又会是谁？为了这个人，玛丽居然不顾你对她的照顾和爱护，犯下这种大错，显然只有可能是她的恋人。你说除了乔治爵士，家里没什么客人，而玛丽又很少外出。正好，我曾听过乔治的恶劣事迹，所以我想，那个抢走绿玉的人一定是他。

"好啦，你们应该猜到我接下来做了什么。我打扮成流浪汉的样子，到了乔治的住处，设法结识了他的贴身仆人。仆人告诉我，乔治前天晚上划破了头。我还花了六个先令，买了一双乔治不要的旧鞋。

我带着那双鞋来到你家，发现它和雪地上的脚印完全相符。"

"哦！我想起来了，昨天晚上，我在那条小道上，见到了一个衣衫褴褛的流浪汉。"霍尔德说道。

"哈哈，霍尔德先生，那个人就是我。我印证了自己的猜测后，立马回家换了衣服。这次，我正式登门造访乔治。一开始，他矢口否认一切。当我列出种种证据后，乔治恼羞成怒，抢起一根大棒想要威吓我。在他举棒前，我迅速掏出了手枪，用枪对着他的脑袋。乔治这才老老实实坦白，说他把绿玉卖给了别人。我答应不告发他，他便给了我买绿玉的人的住址。我找到了那个人，以每颗1000英镑的价格赎回了绿玉。霍尔德先生，事情的经过就是这样。"

听完了事情的前因后果，霍尔德激动地握住福尔摩斯的手说："先生，我不知道该说什么话来感谢你，你真是神通广大！现在我必须去找我亲爱的

儿子，我冤枉了他，必须向他道歉。至于玛丽，唉，她让我伤透了心。不过，你本领再大，也查不出她现在在哪儿吧？"

福尔摩斯拍拍霍尔德的手，安慰他说："至少我可以保证——乔治爵士在哪里，她就在哪里。还有一点可以肯定，他们做了错事，将来一定会受到严厉的惩罚。"

铜山毛榉案

1

初春的早晨还有些寒冷，福尔摩斯和华生吃过早餐，围坐在熊熊燃烧的炉火旁边。福尔摩斯的情绪很低落，他对着华生发牢骚："医生，你看看我现在接的都是些什么案子啊！太没有挑战性了，只能帮年轻姑娘们出出主意。再这么下去，我看我只能帮别人找找弄丢的铅笔了。你不相信？你看，这封信就是证据，我的天啊，它标志着我的事业到了最低点。"

说着，福尔摩斯把揉成一团的信纸抛给了华生。

华生展开信纸，只见信上写着：

亲爱的福尔摩斯先生：

　　我想找您商量一下。有户人家聘请我去当家庭教师，我不知道该不该接受这份工作。如果您有时间，我明天上午十点半来拜访您。

亨特小姐

　　福尔摩斯瘫软着身体，**颓废**地躺在沙发上："医生，我说的没错吧？堂堂大侦探福尔摩斯，只能帮人处理这种琐碎的小事。"

　　华生安慰他说："别灰心，说不定这事儿也不简单。你还记得蓝宝石一案吧，最开始我们也以为它只是件普通的案子，没想到**顺藤摸瓜**，最后破了一桩贼喊捉贼的盗窃案。"

福尔摩斯耸耸肩膀说："但愿吧。哦，十点半了，咱们的委托人要来了。"

福尔摩斯话音刚落，一个年轻女孩走进了房间。她的衣着干净朴素，白净的脸庞充满活力，看上去聪明伶俐，很有主见。

女孩开门见山地说道："福尔摩斯先生，我遇到了一件非常古怪的事，实在拿不定主意，只好来找您帮忙。"

"亨特小姐，请坐，很高兴能为您服务。"福尔摩斯以探究的眼光打量了她一番，然后垂下眼皮，指尖顶着指尖，听她讲述事情的经过。

亨特小姐当过五年的家庭教师。两个月以前，她的老雇主去了国外，于是她失业了。她到处应聘新工作，但都没有成功。亨特小姐非常着急，因为她的积蓄本就不多，眼看就要花光了。

市里有一家家庭教师介绍所，亨特小姐每星期

都会去那儿找经理人打听消息。上个星期，亨特小姐像往常一样，走进了经理人的办公室。这一次，办公室里坐着一个她没见过的中年男人。他长得很胖，又大又厚的下巴一层一层摞着，鼻梁上架着一副眼镜，正眯着眼仔细地观察走进门的求职者。亨特小姐刚走进房间，这位胖先生就激动地站起来，对经理人说："好极了！好极了！"

胖先生十分热情地转身问亨特小姐："这位小姐，你想找家庭教师的工作，对吧？"

"是的，先生。"亨特小姐回答说。

"你想要多少薪水？"

"先生，我以前的雇主每月给我 4 英镑。"

"哎哟，啧啧啧！你的老雇主真小气！太小气了！"胖先生一面嚷嚷着，一面愤愤不平地挥舞着肥胖的手，"怎么会有这么抠门的人，竟然好意思用这么一点儿钱，雇佣一位这么优秀的女士。"

亨特小姐有些不好意思，她红着脸说道："先生，我没有你说的那么好。我只懂一点法文、德文，还懂一点音乐和绘画……"

"这些都不重要！"胖先生一摆手，昂起头高声说道，"重要的是你有没有优雅的举止风度，有没有高尚的品行。亨特小姐，你在我这里的薪水，要从一年100英镑开始。"

什么？一年100英镑？听到这个数字，亨特小姐惊讶地瞪大了眼睛，简直不敢相信自己的耳朵。胖先生看到亨特小姐脸上怀疑的表情，他直接打开钱包，拿出一张钞票。

"这是我的习惯。"胖先生憨厚地笑着，他的两只眼睛眯成了两条发亮的细缝，"我愿意预付半年的薪水。"

亨特小姐很想马上答应，她现在欠了几笔债务，正缺钱呢！可是，一向机警慎重的她总觉得不大对

劲，心想：怎么会有这么好的事儿？不行，我得多
了解点情况再做决定。

　　她问道："先生，您叫什么名字，家在哪里？
需要我做什么样的工作呢？"

　　"我叫鲁卡斯尔，住在温彻斯特的**铜山毛榉**。
这房子的名字有点儿怪对吧？因为屋子的正对面有
一丛铜山毛榉树，所以就用铜山毛榉来命名了。那
里十分美好宁静，你一定会喜欢的。工作嘛，你需

要照管一下我的孩子——一个刚满六岁的小淘气。"

说到这儿，胖先生鲁卡斯尔靠在椅背上，幸福地笑了起来，"他可厉害了，最喜欢用拖鞋打蟑螂。啪嗒！啪嗒！啪嗒！你还没反应过来呢，三只蟑螂已经被他消灭了。除了照顾小孩，你还得听我妻子的安排。当然，你也别担心，她不会逼你做你不愿意做的事情。亨特小姐，工作很简单，对吧？"

"确实很不错。"亨特小姐很心动。

"那就太好了！我们现在可以聊聊细节问题。比如说，我们夫妻俩热衷于时尚，倘若我们有指定的衣服要你穿，你不会反对的，是吗？"

亨特小姐很吃惊，但她还是镇定地回答道："嗯，不反对。"

"如果叫你坐在这里，或者坐在那里，你也不会不高兴吧？"

亨特小姐压抑住内心的困惑，说道："不会。"

胖先生鲁卡斯尔微微探身，热切地问道："如果我们要求你把头发剪短呢？"

亨特小姐简直不敢相信自己的耳朵。她的头发又长又密，带着**栗子般的光泽**，漂亮极了。

鲁卡斯尔先生为什么会提出这种奇怪的要求？

2

剪掉美丽的长发？亨特小姐哪里舍得，她立马拒绝了。

鲁卡斯尔很失望："亨特小姐，这是因为我妻子只喜欢短发的女孩子。你真的不愿意剪掉你的头发吗？"

"是的，先生，我做不到。"亨特小姐态度很坚决。

"唉，好吧，那这事就算了。真可惜，其他方面你都很合适。既然这样，经理人，你再帮我留意一下其他女孩子吧。"

亨特小姐的拒绝，让经理人失去了一笔丰厚的佣金。这位女经理人抬起头，不耐烦地瞧着亨特小姐："亨特小姐，你的名字还要留在登记本上吗？唉！其实留着也没什么用处了。你居然拒绝了这么好的机会，自己不努力，介绍所也没法帮你。再会，高贵的亨特小姐。"

亨特小姐心事重重地回到家。她打开橱柜，柜子里已经没有食物了，桌子上又放着两三张需要缴费的账单。她疲惫地坐下来，责问自己是不是做了一件愚蠢的事：一年100英镑，这是多么可观的收入啊！再说，我现在肚子都填不饱，留着长头发还有什么用？好多人剪了短发，看起来反而更精神。嗯，也许我该把头发剪短。

亨特小姐纠结了两天。最后，她选择同意鲁卡斯尔提出的要求。正当她要去介绍所应聘那个职位时，忽然收到了鲁卡斯尔的信。

亲爱的亨特小姐：

　　我向经理人打听到了你的地址，希望你能再慎重考虑一下。我向我妻子介绍了你的情况，她对你很满意。我们愿意多付给你20英镑，也就是一年120英镑，用来补偿你的损失。我的妻子希望家庭教师穿着深蓝色的服装。别担心，你不需要自己花钱置办。我们的女儿艾丽丝，她现在在美国，她的衣柜里就有一件这样的衣服。你们俩外形差不多，你穿她的衣服一定很合身。至于你的头发，很遗憾，如果你想得到这份工作，你就必须把头发剪短。期待你的到来。

鲁卡斯尔

亨特小姐用充满纠结的语气对福尔摩斯说："先生，这是我刚收到的信。我决定接受这个职位。不过，我心里还是不踏实，所以才特意过来问问您的看法。其实，我心里有一种猜测——鲁卡斯尔先生看起来是个和蔼可亲的人，但他的妻子会不会有精神病？他难道是要采取某种办法，满足妻子的癖好，防止她的精神病发作吗？"

福尔摩斯严肃地说："这也说得通。无论如何，对于一个年轻女孩来说，这并不是一户好的人家，这份工作也不安全。"

亨特小姐很为难："可是，钱给得不少！福尔摩斯先生，我需要这笔钱！"

福尔摩斯眉头紧蹙，面色凝重："是的，薪水当然高，但它太高了，这正是我担心的原因。为什么他们愿意给你这么高的薪水？这背后必定有特殊的原因。"

亨特小姐说道："福尔摩斯先生，我想先接受这份工作，然后再观察会不会发生什么异常情况。如果您愿意做我的后盾，我想我会比较安心。"

福尔摩斯郑重其事地说："亨特小姐，您要是感到疑虑或是遇见了危险，就赶紧发个电报给我，我会马上来帮助您。"

"太好了！有您的帮助，我什么也不怕！"亨特小姐的不安顿时一扫而光，她轻快地站起来，"福尔摩斯先生，谢谢您！今天下午我去剪头发，明天早晨就动身。"她道过再见，急匆匆地离开了。华生看着她敏捷而又坚定的步伐，安慰自己说："她聪明勇敢，一定能保护好自己。"

两个星期过去了。在这期间，华生总是忍不住担心亨特小姐，怕她遇到什么麻烦。过高的薪水、奇怪的条件、轻松的工作，这一切都异乎寻常。到底是雇主一时的癖好，还是处心积虑的阴谋呢？对方到底是个慈善家，还是个恶棍呢？福尔摩斯也很焦虑。他时常一坐就是半个小时，独自在那里出神。

终于，一封电报结束了他俩提心吊胆的日子。那天早晨，华生下楼准备吃早餐，福尔摩斯刚好收到一封电报。电报的内容既简短又紧急：

> 明天中午请到温彻斯特的黑天鹅旅馆。一定要来！我需要你们的帮助。
>
> 亨特小姐

福尔摩斯说："医生，马上查一下火车出发时刻表。我们必须尽快出发。"没多久，他和华生就坐上了火车。快到目的地时，福尔摩斯若有所思地盯着窗外。蔚蓝色的天空中点缀着朵朵白云，阳光灿烂耀眼。早春的空气仍然凛冽清新，令人心旷神怡。青翠的新绿中，隐约现出红色或灰色的房屋。

"多么清新美丽的景色啊！我也想住在这儿。"华生情不自禁地赞叹道。

福尔摩斯严肃地摇摇头："医生，我会把观察到的事情和案件联系起来，这也是我的职业病。你看到这些零星分布的房屋，觉得它们别致美丽；我心里唯一的想法却是这些房子互相隔绝，就算房子里发生了什么犯罪行为，别人也不会发现。"

"我的天啊!"华生惊叫起来,"谁会把恐怖的犯罪行为和这些可爱的房屋联系起来呢?"

福尔摩斯十指相扣,心事重重:"这些房子常常使我感到恐惧。医生,你想想看,各种暗藏的罪恶,可能年复一年地在这些地方发生,还不被人发觉。不过,我想亨特小姐目前是安全的,她能约我们见面,说明她还有一定的自由。"

黑天鹅旅馆是当地一家有名的小客栈,离火车站不远。福尔摩斯和华生赶到客栈时,亨特小姐热情地迎了上来:"两位好心的先生,你们能来,我真是太高兴了!我得抓紧时间,我答应鲁卡斯尔先生要在**三点钟前**赶回去。今天早上我编了个理由向他请假,他不知道我是为什么事出来的。"

"好的,亨特小姐,那就请你赶紧说说所有事情,不要遗漏任何细节。"福尔摩斯将他那又瘦又长的腿伸到火炉边,认真倾听亨特小姐说她的遭遇。

亨特小姐抿着嘴，困惑地说道："首先，我必须说，鲁卡斯尔先生和夫人没有伤害过我。不过，我无法理解他们的举动，我对他们很不放心。"

福尔摩斯问："他们做了什么，让你觉得无法理解？"

亨特小姐在铜山毛榉生活的这段时间，到底遇到了哪些奇怪的事呢？

3

就像鲁卡斯尔先生之前说的那样，铜山毛榉的环境非常优美。屋子的周围，有三面都是树林，另一面是一块倾斜的平地，平地通向远处的大公路。

亨特小姐到了铜山毛榉后，发现自己之前的猜测是错的。鲁卡斯尔太太没有精神病，相反，她是一位恬静的女人，脸色苍白，面容忧郁。她比鲁卡斯尔先生年轻许多，应该还不到三十岁。至于鲁卡斯尔先生，他至少有四十五岁了。鲁卡斯尔先生的前妻已经去世了，前妻留下的唯一的孩子就是在美国的女儿艾丽丝。鲁卡斯尔先生私底下对亨特小姐说，艾丽丝之所以会离开他们，独自去美国生活，是因为她非常排斥她的后母。

年轻的鲁卡斯尔太太是一个安静敏感的人。她全部的心思都花在了照顾丈夫和儿子身上。一旦觉察到他们有任何一点小小的需求，她便尽可能地想办法满足。总的来说，他们俩看起来是一对幸福的夫妇。但奇怪的是，这位太太总是愁容满面，时常会沉浸在自己的思绪中，亨特小姐不止一次撞见她在偷偷掉眼泪。

亨特小姐猜测，鲁卡斯尔太太一定是在担心她的儿子。那个小男孩完全被宠坏了，常常做出一些出格的行为。他唯一的消遣就是向一些弱小的动物

施加酷刑，比如折磨小鸟和昆虫。

最让亨特小姐感到不舒服的，还是鲁卡斯尔家的两个仆人——托勒和他的妻子。托勒粗鲁笨拙，头发灰白，胡子拉碴。他还是个酒鬼，一天到晚喝得醉醺醺的。

亨特小姐到铜山毛榉后的第三天，鲁卡斯尔先生对她说："亨特小姐，你愿意迁就我们剪短头发，我们非常感谢你。我们现在再来看看你穿**深蓝色服装**合不合适。这是我女儿艾丽丝穿过的，你试试吧。"

鲁卡斯尔夫妇拿给亨特小姐的衣服很漂亮，是用上好的料子缝制的。亨特小姐试穿了一下，发现这件衣服就像是比着她的身材做的，非常合身。鲁卡斯尔夫妇异常高兴，他们把亨特小姐领到客厅。客厅十分宽敞，还有三扇落地窗；中间那扇窗子旁放着一张椅子，椅背朝着窗外。夫妇俩请亨特小姐

坐在这张椅子上，背对着窗户。接着，鲁卡斯尔先生在房间的另一边来回踱步，讲了一连串好笑的故事。

他的表演手舞足蹈，相当滑稽，逗得亨特小姐捧腹大笑。大约过了一个小时，鲁卡斯尔先生忽然宣称工作时间到了，让亨特小姐赶紧去辅导孩子的功课。

两天以后，他们又让亨特小姐换上深蓝色衣服，坐在窗户旁边的椅子上，听鲁卡斯尔先生讲有趣的笑话。亨特小姐还是忍不住放声大笑。这回，鲁卡斯尔先生还递给亨特小姐一本小说，央求亨特小姐大声念给他听。亨特小姐念了差不多十分钟，正当她念到一个句子的一半时，鲁卡斯尔先生打断了她，让她去做家庭教师的工作，给孩子辅导功课。

亨特小姐一头雾水，她不理解这种奇怪的表演究竟是为了什么。不过，聪明的亨特小姐察觉到，

他们总是小心翼翼地让自己背对着那扇窗户。窗户外到底有什么呢？亨特小姐的好奇心渐渐**膨胀**起来。有一天，她不小心摔碎了镜子。看着地上的碎片，亨特小姐灵机一动，想出了一个办法。她偷偷把一片**碎镜子**藏在了手帕里。在鲁卡斯尔先生下一次表演时，她装作不经意的样子，把手帕举到了眼睛前面，

稍微摆弄了一下镜子，窗外的景象就映入了她的眼帘。

公路的那边，有一个穿着灰色服装的男人站在那儿，很认真地朝这边张望。亨特小姐放下手帕，不经意地瞥了鲁卡斯尔太太一眼，她的心一下子提到了嗓子眼——鲁卡斯尔太太的眼神像老鹰一样锐利，她正狠狠地盯着自己。

鲁卡斯尔太太站了起来，对她丈夫说："鲁卡斯尔，外面有一个不三不四的家伙，看起来像是不怀好意，他一直盯着亨特小姐看。"

鲁卡斯尔先生眼珠子滴溜一转，说道："是吗？亨特小姐，那你回过身去，挥手叫他走开吧。"亨特小姐照吩咐做了以后，鲁卡斯尔太太迅速拉上了窗帘。

亨特小姐刚到铜山毛榉时，鲁卡斯尔先生还带她去了厨房附近的一间小屋子。刚走进小屋子，亨特小姐就听见了链条**当啷作响**的声音。

"从这儿朝里看！"鲁卡斯尔先生指了指两块板缝中间，"这家伙漂亮吧？"

亨特小姐顺着缝隙望了进去，她只能看到两只炯炯发亮的眼睛和一个模糊的身影蜷伏在黑暗里。

"不要害怕，"看见亨特小姐吃惊的样子，鲁卡斯尔先生笑了起来，"这是我养的**猎犬**。不过，只有它的饲养员，也就是老托勒才能够对付它。我们一天只喂它一次，它吃不饱肚子，非常凶恶。托勒每天晚上放它出来，让它在门外巡逻。倘若有外人敢私自闯进来，那这个倒霉蛋就只能去见上帝了。亨特小姐，我必须提醒你，你晚上可千万不能出门哟。"

鲁卡斯尔先生没有骗人。有一天凌晨，亨特小姐提前醒来，她从卧室窗口向外眺望。那晚月光皎洁，屋前的草坪上银光闪烁。正当她惬意地欣赏宁静的夜色时，忽然间警觉地发现有什么东西在树木的阴影下移动。当它出现在月光底下时，亨特小姐全身的寒毛都竖了起来。那是一只像小牛犊那么大的猎犬，它锋利的牙齿闪着寒光，正慢慢地走过草坪，消失在另一片阴影里。

除了滑稽的表演和凶狠的猎犬外，亨特小姐还遇到了好几桩可怕的事情。她当初剪短了头发后，把剪下的**一大绺头发**珍藏在了自己的箱底。有一天晚上，她收拾自己的杂物时，看到房间里有一个旧衣柜，下面的一个抽屉锁上了。亨特小姐心想，这个抽屉可能是无意中随便锁上的。她找到一大串钥匙，试着去开锁，没想到还真的打开了。打开抽屉后，亨特小姐吓得捂住了嘴，里面装的居然是她的那绺头发！

亨特小姐拿起头发细细检查。那罕见的色泽，和她的头发的色泽一模一样。"不可能啊！我的头发怎么会被锁在这个抽屉里呢？"她又用颤抖的双手打开了自己的箱子。不可思议的事情发生了，她在箱底找到了自己的头发。

亨特小姐把两绺头发放在一起，它们几乎完全一样！亨特小姐无法理解自己看到的一切。最后，她把那绺奇怪的头发放回到抽屉里，装作什么都不知道。

这一连串事情还不是最离奇的。真正促使亨特小姐发出求救电报的，是她昨天发现的另一个秘密。

4

自从发觉鲁卡斯尔夫妇的举动很不正常后，她又发现了一套几乎没人住的厢房。仆人托勒房间对面的一扇门可以通向这套厢房，但这扇门总是锁着的。

有一天，亨特小姐上楼时，正好碰见鲁卡斯尔先生怒气冲冲地从这扇门里走出来。他那时像是变了一个人，两颊涨得通红，太阳穴两旁青筋毕露。

他关好那扇门后，一言不发地从亨特小姐身边走过。

鲁卡斯尔先生的举动引起了亨特小姐的好奇心。她在带鲁卡斯尔先生的儿子出门散步时，故意溜达到房子另一侧。从那里，她可以看到这套厢房的窗户。那一排有四扇窗户，其中三扇破烂不堪，第四扇拉下了百叶窗，并且关得死死的。

就在亨特小姐好奇地张望时，鲁卡斯尔先生走到她跟前，用和往常一样和蔼的语气说道："亨特小姐，如果我一声不响地从你身边走过去，你千万别生气，我只是在处理一些复杂的事务。"

"没关系，我没有放在心上。顺便问一下，"亨特小姐指着百叶窗说道，"那里面好像有几个空房间，其中一个房间的百叶窗是拉下来的。"

"啊？"鲁卡斯尔先生有些意外，他支支吾吾地说道，"啊，照相是我的爱好，我把那个房间当作暗室，用来冲洗照片。哎呀！我们碰到了一位多

么细心的家庭教师呀！真是没想到。"鲁斯卡尔先生用开玩笑的口吻说着。

但亨特小姐却留意到他脸上怀疑和懊恼的神情。亨特小姐明白，这个房间里绝对有秘密。

确定这一点后，亨特小姐更想查个究竟。这不仅是出于好奇，更是出于一种责任感和正义感。亨特小姐隐约觉得，如果能发现这个地方的秘密，说不定可以做成什么好事。亨特小姐悄悄寻找机会，想要溜进空房间里去看看。

直到昨天，机会终于来了。除了鲁卡斯尔先生，仆人托勒也有那扇门的钥匙。最近，托勒时常恣意酗酒。昨天晚上他又喝得酩酊大醉。亨特小姐上楼时，发现托勒的钥匙还插在门上，那一定是托勒不小心留下的。真是个难得的好机会。亨特小姐把钥匙轻轻一转，打开了那扇门，然后悄悄地溜了进去。

门后是一条窄窄的过道，过道尽头转弯处，有三扇并排的门，第一和第三扇门敞开着，屋里没什么异常。第二扇门被上了锁，门外还横挡着一根**粗铁杠**。亨特小姐仔细回想，认出这就是那个窗户紧闭的房间。房门底下有条缝，透出微弱的光线。这时，亨特小姐忽然听到房间里有脚步声，从门缝底下透出来的微光中，可以看出有一个人影在来回走动。

亨特小姐的心里陡然升起一阵莫名的恐惧，她吓得扭头就跑。当跑出最开始的那扇门时，她发现鲁卡斯尔先生正似笑非笑地站在门外："亨特小姐，果然是你。我看见门开着，就想着一定是你进去了。"

"啊，可把我吓死了！"亨特小姐跑得上气不接下气。

鲁卡斯尔

先生做出体贴关心的样子，问道："好孩子，你看到什么了，被吓成这样？"

亨特小姐惊魂未定，但她依然小心提防着鲁卡斯尔先生。亨特小姐没有说实话："唉，我太傻了，我走到那边的空房子里去了。那里面**黑漆漆**的，安静得可怕！"

"你只看到这些？"鲁卡斯尔先生用锐利的眼神看着亨特小姐。

亨特小姐则用天真的语气反问道："怎么啦，先生？里面还有什么吗？"

"嗯，没什么。亨特小姐，你知道我为什么要锁门吗？因为我不想让闲人进去。你要是再敢偷偷跨过那道门槛……我就把你扔给那只猎犬当晚餐。"说到这里，鲁卡斯尔先生的微笑瞬间变成了**龇牙咧嘴**的狞笑。

亨特小姐哆哆嗦嗦地回到了自己的房间。她害怕那所房子、那位先生、那位太太、那些仆人，甚至那个孩子。这时，亨特小姐想到了福尔摩斯。她偷偷溜出去，给福尔摩斯发了一封电报，请他到铜山毛榉来帮忙。

"福尔摩斯先生，这就是我在那里的全部经历了。三点钟以前我必须赶回去，鲁卡斯尔夫妇晚上要出门做客，我必须照看孩子。您觉得我应该怎么办？"

福尔摩斯站了起来，在房间里踱来踱去。他的两只手插在衣袋里，脸色极其严肃："托勒喝多了酒，是不是还在酣睡？"

"是的，我听托勒太太说，她拿她丈夫没办法。"

"那很好。鲁卡斯尔夫妇今天晚上要出门是吗？"

"是的。"

"家里有没有地下室和一把结实的好锁？"

"有，那间藏酒的地窖就是。"

福尔摩斯已经设计好了冒险行动："亨特小姐，

从你的应对方式来看，你真的是一位机智勇敢的姑娘。你想不想再做一件了不起的大事？"

亨特小姐坚定地说道："我一定要试试看。福尔摩斯先生，您要我做什么事？"

"我打算**七点钟**去铜山毛榉。那时候鲁卡斯尔夫妇已经出门了。托勒喝醉酒在睡觉，不会干扰我们的行动。剩下的就只有托勒太太。亨特小姐，你要想办法把她骗到地下室去，再把她锁在里头。"

"没问题！包在我身上！"亨特小姐爽快地说道。

"好极了！那我们再来梳理梳理这件事。只有一个说得通的解释：你是被请到那里去冒充某个人，而那个人实际上被囚禁在那间神秘的屋子里。至于那个被囚禁的人是谁，我可以断定，就是可怜的艾丽丝小姐，也就是鲁卡斯尔先生和他前妻的女儿。鲁卡斯尔先生谎称她去了美国。毫无疑问，你之所以被选中，是因为你的身形和你的头发的色泽都与她相似。她的头发会被剪掉，可能是因为她曾经得过重病，你发现那绺头发完全是碰巧。那个在公路上的男人，应该是她的朋友，甚至是恋人。你穿着艾丽丝小姐的衣服，远远一看，大概很像是她。他看你笑得那么开心，以为艾丽丝小姐确实过得很快乐很幸福，不再需要他的帮助。每天晚上，那只凶恶的藏獒会被放出来，就是为了防止公路上的男人偷偷来见艾丽丝小姐。所有这些都是相当清楚的，这桩案件最严重的一点就是那孩子的性情。鲁卡斯尔先生的小儿子，性情异常残忍。我一直在猜测，这到底是受他父亲的影响，还是受他母亲的影响。"

"您说得对，福尔摩斯先生，我们一刻也不要耽搁，赶快去营救可怜的艾丽丝吧！"亨特小姐提议说。

"亨特小姐，别着急，鲁卡斯尔夫妇相当狡猾，我们必须小心谨慎。七点钟以前，我们干不了什么

事。一到七点，我和华生立刻来找你。用不了多久，我们就能解开这个谜。"

福尔摩斯的计划能顺利执行吗？谜底到底是什么？

5

晚上七点，福尔摩斯准时抵达铜山毛榉。亨特小姐站在门口迎接他和华生。

"你都安排好了吗？"福尔摩斯问道。

这时，楼下的什么地方传来了响亮的**撞击声**。"那是托勒太太，她在地窖里发脾气。"亨特小姐解释道，"她的丈夫还在酣睡。这是他的一串钥匙，和鲁卡斯尔先生的那串钥匙完全一样。"

"干得漂亮！"福尔摩斯冲她竖起了大拇指。

亨特小姐带着他们去了那个神秘的房间。福尔摩斯挪开了那根横挡着的粗铁杠，又拿出那串钥匙一把一把地试。咦？居然全都打不开。房间里没有一点儿动静，福尔摩斯的脸色顿时沉了下来：难道艾丽丝出事了？

"希望我们来得不算晚。华生，我们一起撞门。"

这是一扇老旧的门。福尔摩斯和华生合起来一使劲，门立刻倒了下去。他们冲进门一看，屋子里空荡荡的，除了一张简陋的小床，没有其他家具。屋顶的天窗大开着，被囚禁的人早已无影无踪。

"情况不对。"福尔摩斯懊恼地说道，"鲁卡斯尔这个家伙可能猜到了亨特小姐的意图，抢先一步把艾丽丝小姐转移了。"

"怎么弄出去的？"亨特小姐疑惑地问道。

"从天窗。我们很快就可以知道他是怎么弄出去的。"福尔摩斯爬到屋顶，"哎呀，是这样的，这里有一架长长的轻便扶梯，一头靠在屋檐上。"

"不可能啊。"亨特小姐记得很清楚，"鲁卡斯尔夫妇出去的时候，扶梯不在那里。"

"鲁卡斯尔先生一定是偷偷跑回来了，他比狐狸还狡猾。大家小心，我听见有上楼的脚步声，绝对是他。华生，你把你的手枪准备好。"

福尔摩斯还没说完，只见一个人已经站在了房门口，果然是鲁卡斯尔先生。他肥胖结实，手里拿着一根粗棍子。亨特小姐一看见他，吓得尖叫一声，缩着身子靠在墙上。福尔摩斯纵身向前，镇定地面对着他。

"你这恶棍！"福尔摩斯说，"你把艾丽丝小姐弄到哪儿去了？"

鲁卡斯尔先生向四周打量了一下，又抬头看看天窗。他显得比福尔摩斯还惊讶，疯狂地尖叫道："这应该我来问！你们这帮贼！这帮强盗！我可抓住你们了。哼，你们落在我手里，就别想活着出去！"

鲁卡斯尔先生转过身，**咯噔咯噔**地跑下楼去。

"他是去找那只猎犬！"亨特小姐吓得脸色惨白。

"别怕，我有枪！"华生把子弹推上膛。

福尔摩斯和华生一起冲下楼去。他们还没赶到大厅，便听见猎犬的狂吠声，让人听了**毛骨悚然**。

一个上了年纪的人**跌跌撞撞**地跑了出来，这是猎犬的饲养员托勒："我的天，谁把猎犬放出来了？它已经两天没吃东西了！快，要不就来不及了！"

福尔摩斯和华生飞奔出去，托勒紧紧跟在他们后面。只见那只饿坏了的猎犬，紧紧地咬住了鲁卡斯尔先生。原来，猎犬饿得根本不认识主人。鲁卡斯尔先生搬起石头砸了自己的脚，在地上打着滚哀号。华生一枪打死了疯狂的猎犬。他们费了好大力气才把它拖开。

鲁卡斯尔先生受了重伤，福尔摩斯让托勒去通知村医和鲁卡斯尔太太。这时，房门突然被推开，

一位瘦瘦高高的女人走了进来。

"托勒太太!"亨特小姐有些慌张。

托勒太太温和地说道:"鲁卡斯尔先生回来后,先把我放了出来,然后才上来找你们。啊,亨特小姐,你应该把你的计划告诉我的,我很愿意帮助艾丽丝小姐。你们别担心,艾丽丝小姐现在很安全,福勒先生救走了她。"

福尔摩斯敏锐地注视着她:"显然,托勒太太知道的情况比我们都多。太太你请坐,请给我们讲一讲。我必须承认,这桩案件里的几个疑点我还是不太明白。"

托勒太太叹了一口气:"如果这件事闹到法庭上去,我希望你们记住,我是你们的朋友,和你们站在一起。我也是艾丽丝小姐的朋友。艾丽丝小姐在家里过得很不愉快。母亲死后,她的父亲又娶了一位年轻的妻子,艾丽丝小姐一直郁郁寡欢,她在家里说不上话，没有发言权。后来，艾丽丝小姐遇到了善良的福勒先生，他们打算结婚。从那一刻起，艾丽丝小姐的噩梦开始了。艾丽丝小姐的母亲去世前，留给她一大笔遗产。鲁卡斯尔先生一直霸占着这笔钱。法律规定，如果艾丽丝小姐结婚，鲁卡斯尔先生就必须把这笔钱交还给她。因此，狡诈的鲁卡斯尔先生逼迫艾丽丝小姐签署一个声明，让艾丽丝小姐主动放弃这笔钱。艾丽丝小姐不愿意，鲁卡

斯尔先生就一直折磨她，闹得艾丽丝小姐得了脑炎，差点丢了性命。上天保佑，艾丽丝小姐最后康复了，她那时骨瘦如柴，美丽的头发也被剪掉了。但福勒先生没有变心，他还是全心全意地爱着艾丽丝小姐，一直想方设法打听她的消息。"

"啊，"福尔摩斯恍然大悟，"托勒太太，谢谢你的好意，其余的我可以自己推断出来了：鲁卡斯尔先生最后采取了监禁的办法？"

"是的，先生。"

"为了打消福勒先生的怀疑，鲁卡斯尔先生专门把亨特小姐请过来，伪装成艾丽丝小姐的样子，以便摆脱福勒先生的纠缠？"

"正是这样，先生。"

福尔摩斯又问托勒太太："可是福勒先生是一位坚持不懈的人，他一直守在附近。后来他遇见了你，想办法说服了你？"

托勒太太和蔼地微笑着。

"我明白了，我明白了！"福尔摩斯的脸上终于出现了笑容，"其实托勒酗酒，也是他安排的吧？他设法让托勒不缺酒喝，还让你准备好一把扶梯。今天，福勒先生终于等到了机会，鲁卡斯尔夫妇出门后，他通过天窗爬进屋里，救走了艾丽丝小姐。"

"你说得对，先生，是这么一回事。"

"我们应当向你道谢，托勒太太。"福尔摩斯感激地说道，"你帮我们厘清了许多伤脑筋的难题。我看村里的那位医生要到了，鲁卡斯尔太太也要回来了，这儿也不需要我们。医生，我们先把亨特小姐护送回去吧。"

铜山毛榉的谜团终于解开了。鲁卡斯尔先生保住了一条命，但他从此一蹶不振。艾丽丝小姐被福勒先生救出去的第二天，他们就去登记结婚了。至于机智勇敢的亨特小姐，她后来当上了一所私立学校的校长。

喵尔摩斯奇遇记

　　在《福尔摩斯探案与思维故事·3囚徒的博弈》里，福尔摩斯成功揪出了警察局里的内奸，为雷斯垂德洗脱了罪名。福尔摩斯和喵博士在抓捕假威尔逊时，见到了同样从现代穿越回去的百晓通。虽然聪明的喵博士和福尔摩斯顺利将假威尔逊捉拿归案，但是百晓通和他盗取的金条却下落不明。

　　经过深入研究，喵博士慢慢揭开了百晓通及其团伙背后的秘密，原来他们就是指引喵博士来到伦敦的神秘寄信人，同时又掌握着开启时空之门的方法。现在这个团伙已经盗走了博物馆的设计图纸，他们的阴谋似乎快要得逞了；而喵博士将要遭遇前所未有的危机，他能不能成功渡过难关呢？让我们一起看看吧！

1
追踪飞毛腿

聪明的喵博士找到了百晓通同伙的汽车。据汽修厂的老板说，车主下午就会来取车。

"那我就在这等着，看看究竟是何方神圣。"喵博士决定悄悄躲起来，**守株待兔**。到了下午，车主真的来取车了。那个人吊儿郎当地走到汽车前，敲了敲后窗玻璃，满意地说："嘿，这么快就修好了！"

喵博士定睛一看，咦，那不是飞毛腿吗？原来，接走百晓通的那个人正是飞毛腿。飞毛腿开着车离开了修理厂。他刚开出门，喵博士立马拦住一辆出租车，跳上座位，对司机说："叔叔，麻烦你跟上那辆车，千万别跟丢了！我有重要的事！"

司机笑着说："小朋友，你在玩什么游戏啊？学电影里抓坏人吗？"喵博士看司机**不紧不慢**的样子，很是着急："叔叔，我真的在抓坏人，拜托你赶快开车吧。"司机大声说道："好嘞，坐好了，包在我身上！"那表情就像在陪小孩子玩过家家的游戏。只见他一踩油门，出租车像箭一样冲了出去。喵博士挥着手喊了起来："叔叔，慢点慢点，也别跟得太紧，会被他发现的。"司机爽快地回答道："那咱们就跟在他后面，保持 40 米左右的距离吧。"

　　这时候，他们看到前面路口有个红绿灯，绿灯正闪着，还剩 15 秒。司机问道："我们要不要加速？你看，你要追的那辆车离红绿灯只有 10 米左右，肯定能过路口。我们如果不加速的话，怕是要等红灯啦！"这会儿路上没什么车。喵博士看了一眼司机面前的仪表盘，上面显示的速度是 60 公里 / 小时。同学们，你们觉得，司机需要加速才能赶在绿灯变

红灯前穿过马路吗?

　　这一路上好多红绿灯,喵博士每次都镇定地指挥司机加速或是减速。就这样,他们没有跟丢飞毛腿,也没被飞毛腿发现。

　　飞毛腿的车一直往郊外开,道路越来越偏僻。最后,他们来到了一座废弃的工厂。飞毛腿停好车,走进了厂房。咦,这是飞毛腿的老巢吗?

　　喵博士悄悄跟了上去。不过,他遇到了一个难题。这工厂虽然破旧,但大门上却安着一个挺高级的门禁——门上面画着一个图形,看起来,好像需要拼一个正确的小图上去。应该选择哪个小图放上去呢?

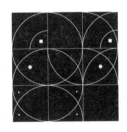
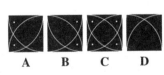

喵博士观察了好一会儿，终于看出了规律。他把小图一填上，大门就吱的一声打开了。喵博士心里突然冒出来一种**不祥的预感**：这么顺利就进来了？飞毛腿和百晓通的警惕性不高啊！

　　进入厂房后，喵博士小心翼翼地环视四周。看起来厂房已经废弃很久了，旧机器上已是**锈迹斑斑**。院子里没什么人，安静得可怕。有一间屋子亮着灯，房门关得严严实实，喵博士没办法进去。房间里有一些响动，像是有人在大发脾气。

　　喵博士悄悄地把耳朵贴在门上，他听到了飞毛腿怒气冲冲的声音："你们快点！这批药水我已经等很久了。之前那批药水的效果一点儿都不好。你们想要钱，就得把事办好。我只给你们半个小时的时间。半个小时后，我必须拿到东西！"

　　喵博士又竖起耳朵听了好久，但并没有听见其他人的声音。喵博士心想：飞毛腿刚刚是在给别人

打电话吗？他说半个小时，那我就再等等，看看到底是怎么回事。他躲到一旁的树上，等待飞毛腿的下一步动作。

过了30分钟左右，房门突然打开了。飞毛腿眉头紧锁，大步走了出来。见飞毛腿走远了，喵博士确认周围安全后，从树上跳了下来。他走到房门前一看："哇，天助我也，飞毛腿出门时大概是太着急了，居然没有关门。"

喵博士蹑手蹑脚地溜进了飞毛腿的房间。里面的布置很简陋，正中央有一张办公桌，上面有个小小的红灯一闪一闪的。在房间的左侧，立着一个高大结实的架子，喵博士立刻被它吸引了。他走近一看，架子上摆满了瓶瓶罐罐，好多容器上都贴着骷髅头的标志，骷髅头旁边还标着各种符号。喵博士嘀咕道："标着骷髅头，难道是有毒的药水吗？飞毛腿到底想干什么？"

架子上找不到别的什么信息，喵博士撇开它，走进了另一个房间。他刚迈进门，就被吓了一大跳：屋子里的空气糟糕透顶，又闷又臭。喵博士赶紧捂住鼻子，再仔细一瞧，原来，屋子里有个大大的铁笼子，里面关着好多小鸡、小兔子。飞毛腿在这儿养这么多鸡和兔子做什么？难道他养来自己吃的？

喵博士百思不得其解。就在这时，他忽然听到外面传来一阵急促的脚步声。糟了，是飞毛腿回来了！喵博士左顾右盼，屋子里没有可以藏身的地方，冲出去的话，一定会惊动飞毛腿，打草惊蛇就坏了。他瞄了一眼窗台，腾的一下跳了上去，藏在窗帘背后。

他刚藏好，飞毛腿就拿着一个铁盒子走了进来，嘴里还嘀咕着："终于送来了，也不知道这次的效果会怎么样。"

只见他坐在办公桌前，举起盒子，端详了一番，准备把盒子打开。躲在窗帘后的喵博士也伸长了脖

子，想要一探究竟。哎哟，喵博士太专注了，差点失去平衡。他晃了晃，一不小心伸出手，扯了一下窗帘，窗帘微微晃动起来。

"谁？！"飞毛腿警觉地抬起头，站了起来，慢慢地向窗台靠近。喵博士的心一下子提到了嗓子眼。窗户关得死死的，喵博士现在无处可逃。

忽然，一只鸟扑棱扑棱翅膀，从窗外飞过。"原来只是一只笨鸟啊，我真是大惊小怪。"在喵博士看不到的地方，飞毛腿露出了意味深长的笑容。

喵博士松了一口气，在心里默念："真是谢天谢地！"

就在这时，窗帘被猛地拉开。喵博士来不及躲避，一个黑色的布袋子已经套住了他。飞毛腿拎起袋子，打了一个结。

"唔唔唔……"喵博士在袋子里奋力挣扎。飞毛腿得意地笑道："喵博士，你真是太傻了。你进门那会儿，我就已经发现你了。我们早就在大门口设置了警报，只要有外人进来，我办公桌上的警报器就会亮红灯。"飞毛腿说完，一拳打晕了喵博士。

喵博士出师不利，被飞毛腿抓住，他有没有生命危险呢？

等价转换：
单位统一才能计算和比较

1. 喵博士乘车跟踪飞毛腿的车，前方有个路口，还有 15 秒绿灯就会变成红灯。这时飞毛腿的车离路口大约只有 10 米，而喵博士的车距离飞毛腿的车大约 40 米。此时喵博士的车，车速是 60 公里／小时，他能在不加速的情况下通过这个路口吗？

2. 要把一个小图拼到门禁的图案上，应该选哪个呢？

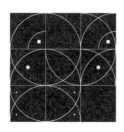 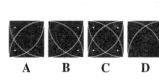

小提示

1. 这道题考的是什么呢？很简单，看喵博士的车能不能在 15 秒内，用原来的速度开完 50 米。最简单的办法就是用原来的速度乘以 15 秒，看所走的距离是否大于 50 米就好啦！如果大于 50 米，那就说明喵博士的车在 15 秒内能通过路口。

2. 这个挑战需要我们找规律，每一行都有三个小图。你可以给每一行的三个小图都标上编号，一行一行地看。提示一下：你发现每行右边的小图和左边及中间的小图有什么关系吗？

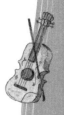

答案:

1. 飞毛腿的车到路口的距离大约是 10 米, 喵博士的车距离飞毛腿的车大约 40 米, 那么后车要开到路口, 就要开 50 米了。喵博士的车, 车速是 60 公里/小时, 首先要统一单位。60 公里/小时, 就是 60 千米/小时, 也就是 60000 米/小时。那每分钟能跑多少米呢? 把 60000 米除以 60 分钟, 那就是每分钟跑 1000 米。现在, 喵博士他们有 15 秒的时间。而一分钟里面有 4 个 15 秒, 1000 米除以 4, 等于 250 米; 也就是说, 喵博士的车按刚才的速度, 15 秒能跑 250 米, 这可远远超过 50 米了。所以啊, 喵博士他们根本不用加速, 就能顺利通过这个路口。

2. 现在我们已经从左到右给每个小图都标了序号, 你看第一行的 3 号小图, 不正好是 1 号小图和 2 号小图重叠起来的样子吗?

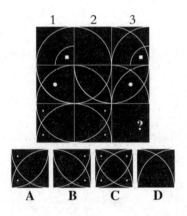

有了这个线索，再来验证下第二行，是不是也是一样的规律呢？这个思路基本对了，可唯独少了一条弧线。有一条弧线，第二行的1号图和2号图都有，已经用黄色标出来了，可这条黄色弧线在第二行的3号图里却没出现。所以问题就在这儿——就因为1号图和2号图同时都有，所以在3号图里，这条弧线消失了。

　　现在我们就能总结规律了，那就是：在每一行里，把1号图和2号图里不一样的线条叠加起来，再把相同的线条消除掉，这样就得到3号图了。所以，你知道答案了吗？就是C啦！

② 身陷险境

飞毛腿看了看晕过去的喵博士，又看了看桌上摆着的药水，突然想到一个坏主意："喵博士，这是你自己送上门来的，怨不着我。正好拿你试验一下我的新药水。"飞毛腿一边嘀咕，一边拿出铁盒子里的**一支针筒**，扎向喵博士的胳膊。

飞毛腿的心情相当愉快，他跷起二郎腿，打了个电话："喂，百晓通，你那边还在训练吗？嗯，你让那几个小孩自习，你先回来一趟。嘿嘿，药水和试验品都到了，咱们一块儿看看效果。"

百晓通接到电话立刻赶了过来。他到了没多久，喵博士悠悠地醒了过来。醒来后的喵博士变了副模

样——**眼神涣散**，一言不发，只是呆呆地看着百晓通和飞毛腿。

百晓通在喵博士的眼前挥了挥手，又扭过头碰碰飞毛腿的胳膊："飞毛腿，你觉得这药水能行吗？"

飞毛腿也很好奇。他走上前，捏捏喵博士的脸，喵博士没有任何反应。飞毛腿接着说："我也不知道啊，今天刚拿到的新药水。试试就知道了。这儿还有几只做试验用的小老鼠，我拿来试试。猫和老鼠是天敌，看看喵博士会有什么反应。"

飞毛腿拎来一笼小老鼠，把小老鼠放在喵博士面前。百晓通也解开了喵博士手上的绳子。喵博士重获自由，立马扑到笼子边上，挥舞着锋利的爪子，喉咙里发出低沉的声音："喵——喵——"

飞毛腿厉声斥责道："喵博士，不准伤害它们！小老鼠饿了，你快去取一点鼠粮，把鼠粮放进笼子里。"

听到这话，喵博士的眼神柔和了许多。他收起

爪子，乖巧地取来了鼠粮。猫和老鼠本来是天敌，可现在，喵博士居然可以同老鼠和平相处。这显然是飞毛腿刚才给他打的那一针药水的效果。"这太神奇了！"百晓通兴奋地鼓起掌来，"妙啊！妙啊！"

飞毛腿咧开嘴笑道："哈哈哈，福尔摩斯估计做梦也想不到，他的宝贝徒弟落到了我们手里，还乖乖听我们的命令。"飞毛腿提议说，"百晓通，你之前不是一直抱怨人手不够吗？要不你让这只猫帮你干活？"

"他现在这样，能行吗？"百晓通鄙夷地看了一眼喵博士，"你看他这副痴傻的样子，他的脑子还灵活吗？"

飞毛腿拍拍百晓通的肩膀，说道："你放心，研制药水的人说了，注射了这种药水的人，他们的意识会被控制，但他们的智商还在。喵博士还像以前一样聪明，但他现在听命于我们。"

　　狡猾的百晓通还是不太放心。他眼珠子骨碌一转，计上心来，附在飞毛腿耳边，小声说道："飞毛腿，我们可以再试试他。要不让他去……这事可是很有难度的。"听完百晓通的话，飞毛腿**心领神会**，笑嘻嘻地点了点头。

　　第二天晚上，喵博士药力消退，清醒了过来。他发现自己被关在一个像监狱一样的小屋子里，小屋子只有一扇小小的窗户。窗户被关死了，喵博士根本打不开。屋子里还有一张小床。喵博士头痛欲裂，只能继续躺着休息。

　　这时，房间外面响起了脚步声。喵博士耳朵动了动，猛地坐了起来。有人打开房门走了进

来，原来是百晓通。

百晓通**皮笑肉不笑**地说道："哟，这不是我们的喵博士吗，住得怎么样啊？"

喵博士冷哼一声："谢谢你们的款待，很好！"

百晓通拿出手机，给喵博士看新闻。新闻里说："昨天夜里，本市的一家珠宝店发生了入室盗窃案件，一条昂贵的珍珠项链失窃。奇怪的是，警察在现场没有发现小偷的指纹和足迹，只找到一些猫的脚印。监控还拍到了一张猫的照片。"

百晓通拿出一条珍珠项链把玩起来。看到喵博士一头雾水的样子，百晓通打趣他道："喵博士，这里面可有你的功劳哟。你看看，这只猫你认不认识？"

喵博士不屑地瞥了一眼百晓通的手机，不禁大吃一惊：监控拍下的那只猫竟是自己！不可能啊！自己一直被关在这里，怎么可能出现在那家珠宝店？

看到喵博士脸上复杂的神情，百晓通放声大笑：

"你想知道昨天晚上发生了什么吗？哈哈，也没什么稀奇的事，就是你去了那家珠宝店，那里的小天窗，也就只有你才爬得进去啦！对了，你可真聪明，闯过了店里的'魔道'，偷了老板的珍珠项链。"

喵博士反驳说："胡说八道！百晓通，我被你困在这儿，没办法接收外界的消息，但我决不会再上你的当！"

"不不不，"百晓通伸出食指，轻轻摇了摇，"喵博士，我不妨直接告诉你。你看到房间里的那些动物了吧，那都是之前的试验品。飞毛腿一直在找能控制人意识的药水。我们给你注射了最新研制的迷药，你被控制了意识，每天只有一小段时间是清醒的。其余时间，你都只能乖乖听我们的话，帮我们办事。你看这张纸，上面是你自己写的工作记录！"

喵博士半信半疑地接过纸，上面真的是自己的笔迹：

2月8日工作记录

我在珠宝店里找了半天，也没有找到那条珍珠项链。好在我后来发现了一条秘密"魔道"。通过这条魔道，能看到一个密室，那条珍珠项链就藏在密室里。

进魔道的过程是这样的：

刚进入魔道时，一个小篮子落到了我手里，里面装了不少硬币，魔道的地面上也铺着许多硬币。我顺着魔道往前走，地上的硬币噼里啪啦地飞到我的篮子里。魔道里响起一个很轻的广播声音："恭喜你，篮子里的钱已经增加了一倍。请往回走。"

我只好按照指示往回走。只听叮的一声，篮子里的硬币竟然开始噼里啪啦地往魔道飞去。等我回到魔道起点时，广播又响起：

"魔道里的钱多了一倍！"第三遍，我又从魔道的起点走到魔道的终点，地上的硬币再次飞到篮子里，使篮子里的钱增加了一倍。广播给出了新的指令："请数数现在篮子里的硬币和魔道里的硬币各有多少枚。"我数了半天，篮子里是64枚，魔道里也是64枚。这时，魔道提问了："请问你刚进魔道时，篮子里有多少枚硬币，魔道里有多少枚硬币？"

这个问题看起来有点儿绕，不过，怎么难得倒喵博士呢？同学们，如果是你们来走这条魔道，能通过魔道的考验吗？

喵博士看完自己的工作记录后，在心里暗暗叫苦："糟了，糟了！怎么办呢？现在掉进了飞毛腿和百晓通的魔掌，自己还助纣为虐，干了坏事。"

喵博士愁眉苦脸的样子，逗乐了百晓通。百晓通打开房门，大摇大摆地走了出去，同时说道："喵博士，好好休息吧，用得着你的地方还很多哟！"

　　喵博士身陷囹圄，又被百晓通和飞毛腿利用，真是太可怜了。他能不能找到机会逃出去呢？

逻辑推理：
出奇制胜的逆向思维法

喵博士进入了一条奇怪的魔道。刚进魔道时，一个装有硬币的小篮子落到了他的手里。当他走向魔道尽头时，魔道里的硬币不断飞入小篮子，让篮子里的硬币增加了一倍。接着，喵博士按指令又带着篮子往回走，这回，篮子里的硬币飞回到魔道里，回到起点时，魔道里的硬币多了一倍。接着，喵博士又从起点走到终点，到终点的时候，篮子里和魔道里的硬币各有64枚。那么，你知道喵博士最初进到魔道里时，篮子里和魔道里各有多少枚硬币吗？

小提示

这个题目看起来绕来绕去的，揭开谜底的关键在哪儿呢？它问的是最开头的情况，那么在这里使用倒推法，就可以抽丝剥茧，一步步回到最初，找出真相了。

答案：

喵博士第二次从起点走到终点后，篮子里和魔道里都是64枚硬币，那就说明总的硬币数是128枚（64+64=128）。

当喵博士第二次到达终点时，魔道里的一部分硬币飞到篮子里，使篮子里的硬币翻倍。反过来想，说明喵博士第二次从起点出发时，篮子里的硬币数是他第二次到达终点时的一半，也就是

32 枚（64÷2=32）；此时魔道里的硬币数就是总数减去篮子里的数，即 96 枚（128-32=96）。

再倒推一步，在此之前，当喵博士从终点返回起点时，篮子里的一部分硬币会飞到魔道里，使魔道里的硬币数翻倍。反过来想，说明他第一次到达终点时，魔道里的硬币数是他第二次从起点出发时的一半，也就是 48 枚（96÷2=48），此时篮子里的硬币数就是 80 枚（128-48=80）。

要算出喵博士第一次从起点出发时篮子里有多少枚硬币，根据题目，当他第一次从起点到达终点时，魔道里的一部分硬币会飞到篮子里，使篮子里的硬币数翻倍；因此，用他第一次到达终点时篮子里的硬币数除以 2，就是最终答案啦！

因此，喵博士第一次从起点出发时，篮子里的硬币数是 40 枚（80÷2=40），魔道里的硬币数是 88 枚（128-40=88）。

③
发现微型录音机

喵博士被注射了药水，一天里的大多数时候，他都处在无意识的状态，被迫听从坏人的指令。只有到了中午，他才会清醒两个小时。但喵博士清醒的时候，一直被百晓通关在牢房里。更糟糕的是，清醒时的喵博士，根本不记得自己失去意识时做过什么。

一天中午，喵博士再次清醒过来。他数了数床头的划痕：一，二，三，总共有三道。这些划痕是喵博士自己划的。他被关在这里，怕自己记不清日子，便在床头做记号。每次清醒过来，他都会用指甲在床头划一道痕迹。

喵博士沮丧地趴在床沿上，一边不耐烦地挠着床板，一边叹气："唉，已经三天了，怎么才能出去啊！现如今，我连自己的性命都快保不住了，更别说去阻止百晓通的阴谋。喵博士啊喵博士，你得赶紧想办法呀！"喵博士的心里像是有火在烧似的，着急得不行。被困在这里，真是**叫天天不应，叫地地不灵**。

忽然，喵博士在床板底下摸到了什么东西。他又用爪子挠了挠，抠下来一个小玩意儿，拿起来一看，是个指甲盖大小的黑色方块。咦，这是什么？喵博士看了半天，发现上面竟然有个超级小的按钮，试着一按，呀，黑色方块居然发出了微弱的响声。

喵博士很惊讶，他把黑色方块拿到耳边，响声清晰了许多。这是一段循环播放的提示音："使用**微型录音机**，请说出开机密码。"

哇，微型录音机！这也太棒了吧！要知道，对

于被关起来的喵博士来说，这个录音机可太珍贵了。可是，开机密码是多少呢？

一串念头在喵博士的脑海中闪过：这个微型录音机为什么会出现在这里？会不会是上一个被关在这里的人故意留下的？如果是他故意留下的，那密码一定就在附近。录音机是在床板底下发现的，难道……想到这里，喵博士一下子跳下床，鞋都顾不上穿了。他探头往床板下一看，发现那里有一个凹槽，应该就是放录音机的地方，在它周围，还真有一些字。喵博士仔细看了看，发现是莫名其妙的几句话：第一棵树上的麻雀飞了4只到第二棵树上，第二棵树上的麻雀飞了7只到第三棵树上。现在，20，20，20。

喵博士盯着这几句话琢磨了半天，搞不明白是怎么回事。突然他眼睛一亮：最后一句话是不是说，现在的三棵树上各有20只麻雀？没准，开机密码就是最开始三棵树上分别有的麻雀只数！喵博士照着这个思路算了一下，试着向录音机连续报出三个数。几秒钟后，录音机里响起了温柔的提示音："密码正确，微型录音机已启动。"同学们，你们知道喵博士报的数字分别是多少吗？

"哈哈！"被囚禁了好几天，这是喵博士第一次露出笑容。他在心里头盘算着：有了这个录音机的帮助，我就可以知道自己失去意识时到底发生了什么。嗯，把录音机藏哪儿好呢？不能放在衣服口袋里，万一被发现就坏事儿了。

喵博士想了想，决定把录音机藏在耳朵里。没过多久，药水又开始发挥作用，喵博士昏倒在地，失去了意识。

第二天清醒过来的时候，喵博士赶紧打开录音机，想知道前一天发生了什么。先是安静了很久，然后，录音机里出现了飞毛腿抱怨的声音："烦死了，这人怎么这么讨厌，每天都来。百晓通也真是的，

为什么要听他的安排，还让我把这只猫领过去给他看？算了算了，谁让人家的叔叔厉害呢。"

喵博士继续往下听。他听到了急匆匆的脚步声，还有敲门声，接着是飞毛腿不耐烦的说话声："人带来了，你看吧。"

一个稚嫩的声音说道："嗯，今天的情况很好，药水的效果不错。我回去跟我叔叔说，他一定会很开心。"忽然，他停顿了一下，又咳嗽了两声，说道，"对了，你们一定要注意，千万不能让他有太大的运动量。**如果剧烈运动**，出汗太多，会加速他身体的新陈代谢，药效就会减弱。药效要是减弱了，他清醒的时间就会延长。"

飞毛腿满不在乎地说道："这种事儿不可能发生，哈哈，我们一直把他关在小牢房里，他逃不出我们的手掌心。"

"那就好。"那个陌生的稚嫩声音又说道，"不过，也要放他出来透透气，在厂区里适当地活动活动。我叔叔说，被注射了药水的人，如果一直待在室内，容易精神失常。"

"让他出来活动？"飞毛腿很为难，"把他放出来，他要是跑了怎么办？"

陌生人很有把握地说："不用担心，药水已经控制了他的意识，他不会违背你们的命令。就算他能逃，逃到天涯海角也得回来。他没有解药，不还得乖乖听你们的话吗？"

"说得也对。"飞毛腿狡诈地笑了起来。

"行啦，"陌生人接着说，"你们先把他关回去吧。我明天再来。"

喵博士听完录音，抓住了最关键的那两句话："千万不能让他有太大的运动量。如果剧烈运动，出汗太多，会加速他身体的新陈代谢，药效就会减弱。"

"也不知道那个人说的是不是真的，试一试

吧！"接下来的时间里，喵博士趁没人注意他，在小牢房里又蹦又跳。高抬腿，俯卧撑，原地跑步，仰卧起坐，他把能想到的运动项目都做了一遍又一遍。就连学校教的广播体操，喵博士也认认真真地做了几次。

忙活了半天，喵博士累得汗流浃背。他大口大口地喘着粗气："这可以算是剧烈运动了吧！"不多会儿，喵博士的清醒时间又结束了，他再次晕了过去。

喵博士的努力有没有效果呢？那个陌生人又是什么来头？

 逻辑推理：
突破惯性思维的逆向思维法

喵博士在放录音机的凹槽边发现了一些字，字的大意是：许多麻雀分布在三棵树上，第一棵树上的麻雀飞了 4 只到第二棵树上，第二棵树上的麻雀飞了 7 只到第三棵树上。现在三棵树上各有 20 只麻雀，那么三棵树上最开始分别有多少只麻雀？

小提示

这个挑战依然要用到倒推法，三棵树上最后各有 20 只麻雀，就需要一步一步往回推。需要注意的是，在这个过程中，每当有麻雀从一棵树上飞到另一棵树上时，这两棵树上的麻雀数量要相应地增加或减少。

答案：

既然最后一步是第二棵树上的麻雀飞了 7 只到第三棵树上，那就先从这里入手。现在第二棵树和第三棵树上的麻雀数量都是 20，那之前第三棵树上应该有 13 只，第二棵树上有 27 只。接下来再倒推一步，第一棵树上的麻雀飞了 4 只到第二棵树上，现在第一棵树上有 20 只，第二棵树上有 27 只，那就说明之前第二棵树上是 23 只，而第一棵树上是 24 只。那么三棵树上最开始分别有 24 只、23 只和 13 只麻雀。

4
智力比赛的真相

第二天，喵博士醒来后，发现自己正站在飞毛腿的办公室里。百晓通和飞毛腿就在他面前商量事情，一点儿也不顾忌他。

"我怎么会在这儿？难不成……我真的提前清醒了？"喵博士抬头看了一眼墙上的钟，还不到12点，果然比他前一天清醒的时间早了。他心情复杂，又是高兴又是紧张。高兴的是，自己找到了提前清醒的方法，要是伪装得当，就可以利用这段多出来的清醒时间找解药；紧张的是，他生怕自己不小心露出马脚，被百晓通他们发现。

百晓通突然抬头，对喵博士说："喵博士，我

刚刚交代你的事情你都记清了吗？赶紧去做吧。"

嗯？什么事情？喵博士的心里咯噔一下：自己是中途突然清醒的，哪里知道百晓通刚刚交代了什么。

看喵博士半天没反应，飞毛腿皱着眉头说道："喵博士，让你去配点药水，怎么这么拖拖拉拉的！快点，别把鸡和兔子的药水配错了！"

原来是让他去给笼子里的小鸡和兔子配药水。喵博士低头一看，自己手里还拿着配药单呢，上面明明白白地写着给每只小鸡配药的剂量和给每只兔子配药的剂量。

可喵博士根本不知道小鸡有多少只，兔子又有多少只啊。要是这会儿问百晓通他们，自己提前清醒过来的事儿肯定要露馅了。喵博士往一旁的笼子里瞄了几眼，发现里面的小鸡和兔子一会儿跑到这里，一会儿跑到那里，根本没法数清楚。这时候，飞毛腿吼了一声："喵博士，总共就让你配 35 只动

物的药，你要磨蹭到什么时候？还不快点动手！"
喵博士赶紧回应道："来了来了，我正在配呢！"

　　按飞毛腿的说法，小鸡和兔子加起来就是 35 只了。可它们分别是多少只呢？咦，他突然有了一个发现：笼子里的小鸡和兔子竟然每只脚上都戴着脚环，而一旁的墙上还挂着六个闲置的脚环。喵博士悄悄看了看墙上的脚环，上面的编号分别是 95，96，97，98，99，100。

　　喵博士心里有数了，为了确认自己的判断，他

故意试探性地朝百晓通和飞毛腿嚷嚷了一句："笼子里的鸡和兔子已经用了 94 个脚环，你们买的 100 个脚环快不够用啦！"

百晓通不耐烦地回答道："知道了，知道了！"接着他又对飞毛腿抱怨起来，"我说你啊，做事一点儿也不动脑子！一只动物绑一个脚环就够了，干吗每只脚都绑？一下就用了 94 个！"

喵博士听着他们互相埋怨，心里暗喜，他已经知道该怎么算小鸡和兔子的数量了。同学们，喵博士已经掌握了关键信息：笼子里的小鸡和兔子加起来一共是 35 只，而它们的脚一共是 94 只。你能和喵博士一起，算出小鸡和兔子分别有多少只吗？

喵博士算出数目后，赶紧去配药水。

飞毛腿看着喵博士，对百晓通说道："百晓通，别光顾着埋怨我。你有没有发现喵博士今天有点儿不一样啊？做事拖拖拉拉，反应又慢，还啰里啰唆的。

我看吉姆说得对，不可以把他关太久，该放出来的时候还是要放出来。这几天也没什么外出的任务，我看这只猫被关了几天，开始变傻变呆了。"

百晓通考虑了一会儿，点头说："也是，得放他出去，在工厂里活动活动。万一他真变傻了，就不好玩了。以后咱们可以每天让他自由活动一会儿。反正有迷魂药水，他也逃不出我们的手掌心。"飞毛腿附和道："他每天中午12点清醒，干脆这几天上午11点放他出去活动1个小时吧。"

喵博士听到这话，高兴得快跳起来了。要知道，上午11点他差不多已经清醒了，这时候放他去自由活动，那可是千载难逢的好机会啊！

这时，喵博士又听见飞毛腿说道："百晓通，你手底下的那群小孩怎么样了？前两天他们也注射了这种药水，有什么不良反应吗？"

"没问题，一切正常，哈哈。"百晓通狡黠地笑道，

"那群小孩呀，傻乎乎的，根本不知道自己被骗了，还以为马上要参加决赛呢。直到两天前，我为了给他们打针，把他们绑起来，他们才恍然大悟。你是没看见，他们知道真相的那一刻，又惊又怕，一会儿求我放他们回家，一会儿又骂我卑鄙无耻。那个样子真是有趣极了。不过，他们说什么都太晚啦，只能眼睁睁地看着我把针头扎进去。现在呀，那群小傻瓜只能乖乖听话，替我办事啦，哈哈哈哈！"

听了百晓通和飞毛腿的谈话，喵博士不禁倒吸一口凉气。原来，他之前参加的智力比赛，都是百晓通他们的阴谋。

真相到底是怎么样的呢？原来，当初百晓通偷走了哎哟哟馆长的印章，然后打着福尔摩斯博物馆的旗号，举办了一场智力比赛。福尔摩斯的影响力真大，一说要"**寻找下一个福尔摩斯**"，立马有成百上千名小选手报名参赛。

哎哟哟馆长知道了比赛的事情，质问百晓通为什么肆意妄为，不和他商量。百晓通装作受了委屈的样子，骗馆长说自己也是一番好意，只是想帮馆长扩大博物馆的知名度。哎哟哟馆长本就心软，又念及百晓通的父亲，便没有追究他的责任，只是再三叮嘱："百晓通，你马上停办比赛，不要再胡来了。"

百晓通表面上答应了，背地里却偷偷给获得初赛前几名的小选手寄了飞往伦敦的机票和博物馆的门票。就这样，那些小孩子先后赶到了福尔摩斯博物馆。

百晓通想办法给他们设置了各种各样的考验，好进一步确认他们的能力。原本，考验一段时间后，百晓通就要把他们召集起来。其他小选手那儿，一切按原计划行事，唯独到喵博士这里出了点意外。喵博士竟然无意中闯进时空之门，接触到了另一个时空里的福尔摩斯。于是百晓通冒出了一个新的念头：干脆让喵博士跟着福尔摩斯多学习一段时间，等他变得更厉

害了，再下手也不迟，到那时候，喵博士的用处就更大了。毕竟，百晓通对于自己的手段很有信心。果不其然，最终喵博士还是没有逃出他的手掌心。

喵博士听着百晓通和飞毛腿断断续续的聊天内容，知道的真相越来越多了。他在心里恨恨地骂道："你们这些阴险狡诈的小人，我绝对不会让你们得逞！"

这时，喵博士突然看到一把椅子上搭着一件特别的**衬衣**，衬衣上画着奇奇怪怪的**符号**，那些符号还很眼熟。他试探地问飞毛腿："咦，那件衣服上的符号真别致啊！飞毛腿，是你画的吗？"

飞毛腿不屑地说："谁有工夫画这破玩意儿。吉姆可真无聊，老鼓捣这些没用的东西。喵博士，你可别跟他学！"

喵博士装出一副乖巧的样子，余光却在默默地观察那件衣服。他的内心有点儿激动，因为，他好像又发现了一个秘密。喵博士到底发现了什么呢？

逻辑推理：
用假设法轻松解决鸡兔同笼问题

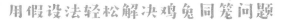

喵博士要给一个笼子里的小鸡和兔子配药水，已知笼子里的小鸡和兔子加起来一共是35只，而它们的脚一共是94只。你能算出小鸡和兔子分别有多少只吗？

小提示

遇到这种类型的题先不要慌，我们不妨使用假设法。假设这个笼子里全都是小鸡，那么会发生什么呢？

答案：

假设笼子里全是小鸡，那么就共有35只小鸡，一共70只脚。和实际的94只脚相比，少了24只脚。但你仔细观察，每只兔子比小鸡多2只脚，这意味着，每少一只兔子，就会少2只脚。既然现在少了24只脚，这就说明兔子的数量是24除以2，总共12只。至于小鸡的数量呢，那就是35减去12，得出23只。所以啊，答案就是兔子12只，小鸡23只。你算对了吗？

⑤

储物间的秘密

　　这时，飞毛腿看了看时间，转过身对百晓通说道：
"要到 12 点了，这只猫该清醒了，我把他送回牢房
去。"在飞毛腿要带喵博士走的时候，喵博士故意说：
"这衣服搭在这儿，看来一时半会儿也没人穿，不
然先借我穿穿吧。我就喜欢这种风格的，有创意。"
说着，就直接把衣服穿在了身上。飞毛腿白了他一眼，
但也没有阻止他。

　　到了牢房，喵博士等飞毛腿一走，便立马脱下
衣服，仔细研究上面的符号，接着又死死盯着墙角。
原来，墙角处也有一些类似的符号。难道，这些符
号都是那个叫吉姆的人画的吗？喵博士前两天就发

现墙角有符号，还有一些动物图案，但没放在心上。现在看起来，这些符号和动物图案里说不定有什么秘密。

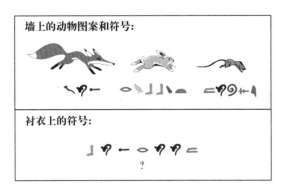

同学们，你们能从里面发现什么重大线索吗？

喵博士对照着图案和符号冥思苦想了半天。他发现，这些图案和符号看似繁杂，其实暗含着某种规律。他终于搞清楚这里面的暗语了！衣服上的符号，其实对应着英文单词boxroom，也就是**储物间**的意思。同学们，你们知道喵博士是怎么看出来的吗？

这会不会是吉姆给他的提示，想让他去储物间？储物间里又会藏着什么秘密呢？

　　喵博士决定，等明天上午 11 点，百晓通放自己自由活动的时候，他就去储物间里寻找答案。

　　第二天上午 11 点，喵博士获得了难得的自由。他知道储物间在哪儿。反正这时候，百晓通他们都以为喵博士的意识还受迷魂药水的控制，所以对他根本不设防。喵博士很轻松地就溜进了储物间。他在里面仔细找了起来，可找遍了各个角落，也没发现什么有用的东西。最后，他抬起头，目光落在一幅残破的挂画上。是不是这幅画有问题？喵博士掀起画，哇，里面真的有一个小洞，洞里还有一小瓶药水。喵博士好奇地把药水拿了下来。

　　正当他放下挂画，打算好好研究一下手里的药水时，突然有人从背后捂住了他的嘴。喵博士没有防备，挣扎了半天也无济于事。"唔唔唔——"喵博士被拖到了角落里。

　　那人一松手，喵博士便立刻大口大口地喘气，

好半天才缓过劲来。

"喵博士,我知道你已经醒了,要不要我帮忙通知百晓通啊?"那人冷冰冰地看着喵博士。

喵博士有些害怕,他的心**扑通扑通**直跳,像是在打鼓一样。站在喵博士面前的,是一个皮肤黝黑的小男孩,小男孩的眼神灵动狡黠。

　　喵博士紧张地咽了口唾沫，强作镇定："你是谁？你怎么会在这里？"

　　小男孩咧开嘴一笑，露出了一颗虎牙："喵博士，你真的不知道我是谁吗？"

　　"这声音好像在哪儿听过。"喵博士突然想起那天微型录音机里的对话。除了百晓通和飞毛腿，还有另一个稚嫩的声音。喵博士把嘴张得老大："哦！你就是吉姆？"

　　吉姆突然把脸凑到喵博士跟前，眨着眼说："喵博士，看样子，你真的清醒了呀。我得赶紧去通知百晓通了。"

　　喵博士的手心里渗出了汗，他稳住心神，在大脑里飞速地梳理了一下整件事情的经过。"不，你不会的。"喵博士摇了摇头，"吉姆，我能提前清醒，并顺利地找到这里来，不正是你安排的吗？"

　　吉姆退后几步，悠闲地靠在墙上："喵博士，

你凭什么这么说？"

"如果我猜得没错，牢房里的神秘符号和图案，还有微型录音机，应该都是你的杰作。"喵博士一边说着，一边观察吉姆的反应，"所以，当你注意到我耳朵里的录音机后，故意提示我，剧烈运动有助于提前清醒。"

看到吉姆脸上的笑意，喵博士坚定了自己的猜测。他继续说道："你还故意把衬衣落在房间里。那件衬衣上的符号可不简单，就是它指引我到了储物间。吉姆，你费尽心思把我引到这里，肯定不是为了向百晓通告密。**你一定是有事找我商量。**"

"你说得不错。"吉姆站直了身子，严肃地说道，"喵博士，我想跟你谈一笔交易。你是不是很好奇，我为什么在百晓通的牢房里待过？"

喵博士认真地说道："对，这个问题我思考了很久。另外，我听飞毛腿的意思，你叔叔也和他们有瓜葛？”

“其实，那不是我亲叔叔，我是个孤儿。他游历埃及时遇见了我，见我孤苦无依，好心收养了我。哈哈，你肯定很奇怪我画的那些奇怪符号到底是什么吧？那些都是**古埃及**的符号。我在埃及的神庙里长大，所以知道这些符号。喵博士，你还挺厉害的，竟然真的破解出来了！”

喵博士这才恍然大悟：“原来是古埃及的符号啊！这么一说，我也觉得自己很厉害呢！”

吉姆继续为喵博士揭开谜底：“我叔叔很喜欢研制各种奇怪的药水。百晓通和飞毛腿听说了以后，想找我叔叔帮忙，替他们研制一种能迷惑人心智的迷魂药水。一开始，我叔叔没答应，百晓通就绑架了我，想拿我当人质，要挟我叔叔。不过，我自己想办法，撬开了牢房的窗户，逃了出去。可百晓通诡计多端，又想出了别的办法。他带来了一大箱金

条，还许诺叔叔会给他丰厚的酬金。我叔叔这个人，什么都好，就是有一个缺点——贪财。他见钱眼开，立马应下了。我怎么劝他都没用。"

喵博士焦急地说道："我知道那些金条是从哪儿来的，那笔钱可不清白。吉姆，百晓通盗取别人的财物，已经犯法了，何况他还有更大的阴谋！一旦东窗事发，你叔叔也会被牵连进去的。"

"喵博士，我**想方设法**约你出来，就是想和你商量这件事。我们可以合作，这对咱俩都好。你可以重获自由，还可以去阻止百晓通的阴谋；我呢，可以保护我叔叔，替他将功补过，让他免受牢狱之灾。"

吉姆提出和喵博士合作，他手里有什么筹码呢？喵博士会答应吗？

逻辑推理：
找到规律并应用规律的
归纳演绎法

喵博士发现了一件衣服，上面画着一些奇怪的符号，而小牢房的墙角处也有一些类似的符号。他是怎么将衣服上的符号密码破译出来的呢？

墙上的动物图案和符号：

衬衣上的符号：

?

小提示

墙角处画着一些小动物。你觉得这几只小动物和奇怪的符号之间会有什么关联呢？第一串符号上方画的是狐狸，这串符号会不会代表狐狸？第二串符号上方是兔子，那么这串符号有可能代表兔子。第三串符号呢，可能代表的是老鼠。接下来就来找找这些符号有什么规律吧。

答案：

我们看到墙上画的狐狸下面有 3 个符号，兔子下面有 6 个，老鼠下面则有 5 个。你发现规律了吗？狐狸的英文单词是 fox，正好是 3 个字母；兔子是 rabbit，6 个字母；老鼠是 mouse，5 个字母——数量跟墙上那些符号的数量全都对上了。那是不是说，每个神秘符号都对应着一个英文字母呢？我们把这三个英文单词分别写到三种动物的下面吧。

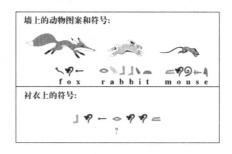

然后，就可以试着破解衬衣上的神秘符号了。快从墙上的对应关系中，找出衬衣上的每一个符号所对应的英文字母吧；把它们拼起来，就是 boxroom，翻译过来就是储物间的意思。

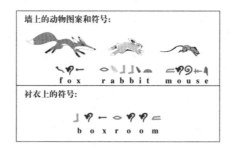

6

吉姆的解药

吉姆说明缘由后，指了指喵博士手里的药水说："喵博士，这就是解药。几天前，我叔叔外出，我偷偷从他的实验室里拿出来的。你赶紧喝下它，就能彻底清醒，百晓通他们再也不能利用你了。"

喵博士把药瓶拿到眼前，微微晃了晃，疑惑地说道："可是，吉姆，为什么只剩了一点点啊？""怎么会？不可能啊！"吉姆的笑容僵住了，他走近一瞧，发现药水确实少了很多。

吉姆突然想起一件重要的事情，他一拍脑门，懊悔地说道："哎呀，坏了，我怎么把这事忘记了。喵博士，这个药水只能低温保存。如果把它放在常

温下，药水很容易挥发。"

"什么？吉姆，你办事也太不靠谱了吧！"喵博士忍不住抱怨道。

吉姆小声说："这药水每天会挥发一半，我想想看啊，对了，这药水放在这儿已经是第三天了。你别着急，我记得叔叔说过，只要喝五分之一瓶药水就有效了。"

喵博士算了一下，说："喝掉五分之一瓶药水，就是说，如果一瓶药分成5份，那么喝掉其中的一份就够了？"吉姆连声回答："是的！叔叔确实是这么说的！"喵博士拧开瓶盖，把瓶里的药水喝了下去。同学们，你们说，喵博士喝下去的药水，有效吗？

喵博士喝下解药后，吉姆迫不及待地说道："喵博士，我在厂区里发现了一个奇怪的地方，百晓通的秘密可能就藏在那儿。我们一起去看看吧。"

喵博士看了看时间，快到 12 点了，这是他往常清醒的时间。每到这个时候，飞毛腿就会把他关进牢房。

喵博士想立马就去一探究竟，但思考片刻后，不得不改变主意："吉姆，我得回去了，不能让百晓通和飞毛腿发现异常。"

吉姆疑惑地说道："喵博士，你已经服用了解药，百晓通他们再也不能控制你了，你为什么还要回去啊？跟我走吧，我可以带着你逃出去。"

喵博士的嘴抿成一条直线，他说："吉姆，现在的形势对我有利。百晓通和飞毛腿对我没有防备，我完全可以利用这个机会，调查他们。至于你刚刚说的那个地方，嗯……我们还有机会再见面的。"

喵博士说完，蹑手蹑脚地离开了储物间。他回到院子里，装作是在悠闲地散步。

"喵博士，你怎么在这里？我找了你好半天。"

飞毛腿跑了过来，不悦地说道，"快，跟我回去，你该回自己房间了。"喵博士低下头，顺从地跟在飞毛腿身后，看起来就是只迷迷糊糊的小猫。

喵博士被关了2个小时后，竟然又被放了出来。他见四下无人，又钻进了储物间。吉姆还在那里，看见喵博士，他着急地说道："喵博士，你终于来了！"

说着，吉姆拽住喵博士的胳膊，一边四处张望着，一边小心地往外走。厂区很大，房间也很多。吉姆带着喵博士翻了好几扇窗户，最后终于来到一扇大门前，门上还贴着一张**巨幅电影海报**。大门紧闭，奇怪的是，他们看不到门锁，也看不到密码盘，可门就是紧紧地关着，根本推不开。喵博士皱着眉头看了好一会儿，问道："吉姆，你知道怎么开门吗？"

吉姆把房门的四个角都敲了个遍，挠挠头说："我也不知道啊。我只是偶然间撞见过百晓通进门，那会儿，他就是乱敲了一通，门就打开了。"

喵博士摇摇头，说道："不对不对，百晓通乱敲一通，可能只是在演戏，他是怕真正的开门方法被人发现。"喵博士仔细地打量起那张海报，他的视线聚焦在了海报右上角的一个位置。那儿的颜色比其他地方要淡一些，看起来像是经常被人触摸。喵博士试着按了一下，哇，底下居然藏着按钮。按钮被按动后，大门真的慢慢打开了。

这是一间库房。刚一进门，喵博士和吉姆就闻到一股刺鼻的味道。库房的角落里，堆放着许多大小一样的箱子，地上还有搬运货物留下的痕迹。喵博士蹲下身，仔细观察地上的颗粒。他惊讶地发现，地上有硫黄、硝石，还有一些**黑漆漆**的木炭。这三种东西，都是做**火药**所需要的。

难道，角落的箱子里装的是火药？喵博士的脸瞬间变得惨白。吉姆胆子很大，他立马打开了一个

箱子："咦，怎么是这些东西？喵博士，你快来看，不是火药，就是一箱普通的玩具。"

喵博士也打开了另一个箱子，确实像吉姆说的那样，箱子里都是些可爱的玩具，连火药的影子都没有。

难道是自己多疑了吗？那这些气味是从哪儿来的？喵博士绕着这堆箱子转了一圈。他在角落里发现了一张进货单，收货人的名字写的是百晓通。按进货单上的数字，百晓通一共进了65箱玩具。

喵博士脑子里灵光一现，他对吉姆说道："吉姆，我们可以数数这里有多少个箱子。也许，百晓通已经把装有火药的箱子转移了。"

"好！我来搬箱子，咱们一箱一箱数。"吉姆撸起袖子准备干活。

"天哪！吉姆，你什么时候变得这么不机灵啦！一箱一箱搬着数多费劲啊！咱们看看这些箱子怎么摆的，就能算出有多少箱了。"同学们，你能算出库房里摆了多少个箱子吗？

喵博士算好之后，在房间里踱着步，缜密地分析道："百晓通一定是打着进货的幌子，在65箱货

里藏了几箱火药，并且这几箱火药已经被百晓通转移走了。因为火药是先运到这里再转移走的，所以，库房里弥漫着一股刺鼻的味道，地上也残留着硫黄、硝石和木炭的痕迹。"同学们，被转移走的火药有几箱呢？快跟着喵博士一起来算一算吧！

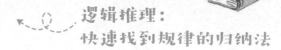

逻辑推理：
快速找到规律的归纳法

1. 粗心的吉姆忽略了药水的储存条件，给喵博士的药水只剩下一点儿。药水每过一天会挥发一半，现在已经是第三天了。不过，吉姆的叔叔也说过，只要喝下五分之一瓶药水就有效。那么剩下的药水还够不够呢？

2. 库房里堆了许多箱子，有些箱子被露在外面的箱子挡住了。想知道箱子的总数，要怎么数才能又快又准确呢？

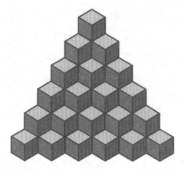

小提示

1. 五分之一瓶是什么意思呢？如果我们把药水平均分成五份，那么其中的一份就是五分之一瓶啦！你再算算第三天实际剩了多少，一比较就知道药瓶里的药够不够了。

2. 我们可以从最上面的第一层开始数。第一层有 1 个箱子。第二层有几个箱子呢？我们可以看到露出了 2 个箱子，是不是还有 1 个箱子被第一层的挡住了？说明第二层一共有 3 个箱子。你发现什么规律了吗？

答案:

1.药水每过一天挥发一半,那么,第二天瓶子里的药水量就是第一天的一半,第三天就是第二天的一半,也就是一半的一半。这相当于把一瓶药水平均分成四份,到了第三天,瓶子里还剩最后一份。所以药瓶里剩下的药水,当然比要求的五分之一,也就是药水平均分成五份后的其中一份多啦。

2.如果把这堆箱子一层一层分解开,我们可以看到,第一层有1个箱子。第二层有1个箱子被挡住,露出了2个箱子,所以第二层共有3个箱子。第三层有3个箱子被挡住,露出了3个箱子,那么第三层摆了6个箱子。你发现了吗?每一层被挡住的箱子数量,正好等于上一层所有箱子的数量,这很好理解,上一层有多少个箱子,才能挡住下面的多少个箱子嘛!那么下面这层箱子的总数量,就是上一层的箱子数加上本层露出来的箱子数。依此类推,每层的箱子数分别是1个、3个、6个、10个、15个、21个,所以箱子的总数就是56个(1+3+6+10+15+21=56)。

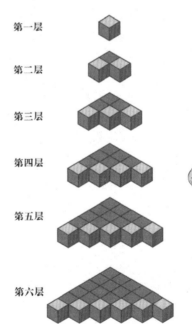

第一层

第二层

第三层

第四层

第五层

第六层

7

惊天大案

喵博士和吉姆本打算继续追踪火药的下落，就在这时，工厂的喇叭里响起了尖锐的铃声。

"这是什么声音？"喵博士动了动耳朵，一脸困惑的表情。

"叫你回去的铃声！"吉姆努努嘴，说道，"喵博士，你如果不想打草惊蛇，就得赶紧回去。前几天你被控制意识的时候，他们都是用这个铃声通知你的。你走吧，我也要偷偷溜回家了。"

"行，那我先走一步。"喵博士拍拍身上的灰尘，准备离开。他刚迈出一只脚，又停住了，转过身说道："吉姆，我们约定一个**见面的暗号**吧。我会在厂区

最高的窗户上系带子，如果是红色带子，那就暗示有危险，咱们先别见面；如果是绿色带子，那就代表安全，咱们在老地方见。"

"老地方，你是说储物间吗？"吉姆哈哈大笑，又露出了那颗可爱的虎牙。

喵博士给了他一个肯定的眼神，便急匆匆地赶了回去。喵博士回到办公室时，看到百晓通正站在书桌旁，专心整理各种文件。听到喵博士的脚步声，百晓通头也不回地说道："喵博士回来啦，出去玩了这么久，感觉怎么样？"

"挺好的。"喵博士恭恭敬敬地回答道。

"嗯，休息够了，就该做点正事了。"百晓通把一沓信件交给喵博士，"这是最近收到的回信，你赶紧统计一下，看看纪念活动当天有多少人到场，多少人有事不能来。"

纪念活动？喵博士很纳闷。他不动声色地接过信件，坐到书桌旁，认真统计起来。

这一统计，真让喵博士大开眼界。喵博士发现，这些回信来自社会各界，甚至包括许多知名人士。除此以外，还有不少新闻媒体。大多数人都表示纪念活动当天一定会到场。

百晓通忍不住炫耀道："喵博士，你不知道吧，我现在是福尔摩斯诞辰纪念活动的总负责人。很多重要人士会来参加我们的纪念活动。对了，我们的'寻找下一个福尔摩斯'比赛也会照常举行。到时候，新闻媒体全球直播，大家都会亲眼看见……看见一桩惊天大案，嚓——哭声、惨叫声、求救声，都会在一瞬间响起，全球直播，哈哈哈哈！有趣，真有趣。"百晓通的表情越来越狰狞，喵博士忍不住打了个冷战。

喵博士小心翼翼地询问道："百晓通，你是怎么当上总负责人的呀？馆长任命的吗？"

　　"他？"百晓通冷哼一声，"他现在就跟你一样，我让他往东，他不会往西，什么都乖乖听我的。况且，他的印章都在我手里。我要借博物馆的名义办事，那还不容易？"

　　喵博士忧心不已：坏了，看来哎哟哟馆长也被百晓通注射了迷魂药水。我得赶紧找吉姆商量对策。

　　喵博士正在沉思时，一个吊儿郎当的人推开门走了进来。原来是飞毛腿。飞毛腿笑容满面地走进来："哟，大家很忙呀。百晓通，我给你带来一个小惊喜。"飞毛腿像变戏法一样，拿出来两个红包，"你看，老板给我们发红包了！"

　　百晓通好奇地问道："发红包？你是说莫教授？"飞毛腿叹了口气，阴阳怪气地说："哎呀，除了他还能有谁啊！发红包就发红包，还要让我们费脑筋。"说着，他把红包啪地往桌上一甩。喵博士凑过去一看，红包上写着几行字。

百晓通、飞毛腿：

属于你们的游戏时间到啦！红包里装的钱，有可能是 5 块，也有可能是 10 块，或者 20 块、40 块、80 块、160 块。并且，其中一个红包里的钱是另一个红包里的 2 倍哟。你们每人挑一个，看看自己的红包里有多少钱，然后再决定要不要跟对方换吧！

"来，百晓通，快挑一个。"飞毛腿催促道。百晓通停下手里的工作，随意挑了一个，剩下的一个就归飞毛腿了。飞毛腿看了一眼自己的红包，问百晓通："你快点看一眼自己的，要不要跟我换？"

百晓通斜了飞毛腿一眼，说："咱们可要想清楚再做选择。老板做的每一件事都不会那么简单。我看，他又在拿红包考验我们。谁要是做错了选择，后果会很严重。"说完，他便往门边的墙上瞟了一眼，

喵博士注意到，那里装了一个摄像头。喵博士心里一紧：储物间应该没有摄像头吧？但愿他之前和吉姆做的那些事，还没有暴露。

飞毛腿听了百晓通的话，愣了一下，接着便拍拍喵博士的肩膀说："你来帮我决定吧，到底换不换？"

喵博士想了一会儿，说："不换才是最好的选择！"百晓通也说："我也不换！"

同学们，为什么他们都选择不换呢？喵博士说不换，是真的在帮飞毛腿，还是故意捣乱呢？其实啊，用逻辑推理的方法，一层层假设，我们就可以分析出答案了。现在，你们就假设自己是喵博士，来替他分析分析吧！

百晓通和飞毛腿收好各自的红包，心想：这下应该通过老板的考验了吧。他们的心情变得轻松起来。但喵博士却坐立难安。喵博士的脑海中，一直萦绕着百晓通刚才说的那番可怕的话，他的意思是说，福尔摩斯诞辰纪念活动现场会发生惊天大案吧！喵博士接下来该怎么办呢？

逻辑推理：
通过假设作出正确选择的博弈论

百晓通和飞毛腿每人领到一个红包，红包里装的钱，有可能是5块，也有可能是10块，或者20块、40块、80块、160块。并且，其中一个红包里的钱是另一个红包里的2倍。每人只知道自己的红包里有多少钱，现在飞毛腿要决定是否跟对方交换红包，喵博士告诉他不换，这是为什么呢？

小提示

遇到这样的问题，就需要我们用假设法，分析各种选择的可能性，看看如果你是对方的话，是否会做出同样的选择，从而让自己利益最大化；在这个过程中需要记住关键信息，那就是其中一个红包里的金额是另一个的2倍。

答案：

第一次假设我们的红包是160块，这是最大的金额了，说明对方的红包是80块。这时候我们当然不换啦。假设我们的红包是80块，换不换呢？这时候，对方的红包要么是160块，要么是40块。你说，如果对方肯换的话，说明什么？说明对方手里肯定不是160块啊，那就只能是40块。这时候，我们也不能换。假设我们的红包是40块，对方要么是80块，要么是20块。刚才我们已经分析过了，拿到80块红包的人，肯定不愿意跟别人换。

也就是说，对方拿到 20 块才会愿意跟我们换，所以啊，我们还是不能换。这样一层层假设下来，我们就会发现，不管我们拿到的金额是多少，如果我们想换，对方就不会愿意换；相反，如果对方想换，那我们就不能换。所以啊，如果两个人都是聪明人的话，不管手里的红包是多少，都没必要去跟对方换。

8
炸药去哪了

喵博士越想这番话，越觉得不安心。他等到百晓通和飞毛腿都出去办事的时候，连忙跑到厂区最高处，在窗户上面系了一根绿带子。这是他跟吉姆约定见面的信号。

当喵博士把自己得到的消息告诉吉姆后，吉姆瞪大了眼睛，双手紧抓着喵博士的胳膊，惊叫起来："什么！喵博士，你的意思是，百晓通想在纪念活动当天，炸掉博物馆，炸死参加活动的所有嘉宾？天哪！太残忍了吧！"

"嘘！嘘！小声一点，小心隔墙有耳！"喵博士把手指放在嘴上，提醒吉姆保持镇定。

接着，喵博士提议："吉姆，百晓通他们俩现在都不在厂区，应该会很晚才回来。我想去办公室侦察一下，看看会不会有什么新发现。嗯……不过，有一个棘手的问题，我发现办公室里有监控。我们要是进去找东西，肯定会惊动百晓通。"

吉姆歪着脑袋想了想，嘿，有主意了。他拍拍喵博士的肩膀，说道："喵博士，这个问题很简单，交给我就好。"

说完，吉姆一溜烟跑了出去。没过一会儿，他又气喘吁吁地跑了回来："走吧，喵博士！行动！"

喵博士好奇地问道："吉姆，你刚刚做了什么？"

吉姆咧嘴一笑，露出一排洁白的牙齿："我拉下了厂区的电闸。现在没电啦！监控摄像头也没办法工作啰。"

刚进办公室，喵博士就发现办公桌上摆着一个设计精美的信封，信封上没有寄信人的信息。信是

飞毛腿拿回来的，但他和百晓通还没来得及拆开就出门了。

"喵博士，这个信封这么精致，对方一定不简单。"吉姆探过头，说道，"快拆开看看吧！哦，这种胶水好像加水能分解。"

"吉姆，这是那种加一点水就能粘上的自粘信封吗？我以前看电影时，有时会看到主角为了方便，用口水舔信封的封口。"喵博士研究了一下信封的边角，激动地说道，"我有办法拆开信封，又不让百晓通察觉。"喵博士倒了一杯热水，把信封放在杯口上。过了一会儿，喵博士轻轻一挑，信封就打开了。原来，在蒸汽的作用下，胶水溶解了。

这是一封来自王室的回信。信上说，安保部门已经排查了整个博物馆，

确定博物馆十分安全，女王是福尔摩斯的忠实书迷，她答应准时出席纪念活动。

"喵博士，这是王室的来信，负责安保的人肯定不会说谎。"吉姆很纳闷，"信上说博物馆十分安全。也就是说，安保人员没有在博物馆里发现炸药？当然，也有可能是百晓通还没有布置炸药，没准他是打算到最后关头时再把炸药藏进去。不过，这也说不过去啊，那时候肯定也会被安保人员发现的！"

"几箱炸药太显眼了，百晓通不会带着它们到处跑的。既然它们不在库房，那肯定是被布置好了，一定就在博物馆！到底在哪儿呢？"喵博士把双手扣在一起，闭着眼睛思考。几分钟后，他睁开眼睛，迟疑地说："难道是……"

"是什么？是什么？"吉姆凑到喵博士面前，焦急地询问道，"喵博士，你快说呀。"

喵博士咬了咬嘴唇，不太确定地说道："吉姆，

我只是想到了我当时来这片厂区的一个原因。那天，百晓通深夜潜入哎哟哟馆长的家，偷走了博物馆的**设计图**。我跟踪他的同伙，没想到却掉进了他们设下的陷阱。我在想，百晓通**千方百计**要得到设计图，那张图是不是有玄机？"

"那就找一找吧，先把图找出来再说。设计图挺大的，百晓通不可能一直带在身上，它肯定还在这间办公室里。"吉姆一边说着，一边认真地在房间里搜索。喵博士把信封好，摆成原来的样子后，也和吉姆一块儿寻找。

"什么都没有！"喵博士找了半天，一无所获。他一屁股坐在百晓通的座位上，左脚不小心踢到了柜子。忽然，紧挨着座位的墙面上弹出了一个抽屉，抽屉撞到了喵博士的胳膊。

"哟，百晓通藏东西的地方还挺多，墙里面也可以藏东西。"抽屉里有个小箱子，喵博士把它取

出来，轻轻晃了晃。箱子很轻，里面传来的声响听上去很像是纸张。不过，箱子上扣着一个密码转盘，下面还有一些奇奇怪怪的符号。喵博士嘀咕着："又要破解密码了……可这些奇怪的符号是什么呢？"

这时，吉姆凑了过来："让我看看！"他盯着这串符号陷入了沉思，喃喃自语，"我以前在别的地方好像见过这种符号……它们应该是一种古老的数字。让我想想……"过了一会儿，他对喵博士说，"我想起了一条线索！我记得曾经有人对着这样的符号念过一句像咒语的话——**一是一，二是二，到十自动变门洞**。我当时还纳闷呢，他这么念到底是什么意思。"

喵博士盯着密码转盘下面的符号说："门洞？咦，这个弯弯的图案看起来倒是很像门洞。"突然，他

一拍大腿，"我知道密码是多少了！"

同学们，你们也能像喵博士一样，破解这个转盘的秘密吗？

喵博士动手转起了转盘，一会儿往左转转，一会儿往右转转。折腾了一会儿后，只听**咔嗒**一声，锁打开了！

箱子里确实装着一张图纸。吉姆把图纸摊开。乍一看，设计图没什么稀奇，上面只是绘满了各种线条，旁边还写着密密麻麻的数据。

吉姆懂一点建筑方面的知识，勉强能看懂图纸。他疑惑地说："百晓通又不是要当建筑师，他拿这个来干什么？"喵博士没有搭话，他拿起图纸仔细观察，又迎着阳光看了看。

"别动！喵博士！别动！"站在喵博士对面的吉姆突然兴奋地叫了起来。

"吉姆，别**一惊一乍**的。冷静，冷静！"喵博士皱着眉头说道。

"你看，设计图的背面还有线条，正常情况下看不见；但要是举起图纸，让光透过来，这线条就出现了！"吉姆激动地说道。

喵博士想办法把设计图固定在窗户玻璃上。他们俩都抱着胳膊，摸着下巴，专注地研究图纸背面的秘密。

吉姆指着那若隐若现的线条，说出了他的判断："喵博士，这是博物馆的地道。建筑师专门设计了地道，修好后还没派上用场就被废弃了。这地道很窄，依我看，百晓通那么大的个子，是没办法爬进去的，小孩子还差不多，炸药应该不在这里。"

"小孩子？"喵博士的耳朵警觉地竖了起来，"吉姆，炸药就埋在这里！"

炸药、地道，还有小孩子，他们到底是什么关系呢？喵博士为什么这么笃定？

逻辑推理：
找到规律并应用规律的归纳演绎法

喵博士从抽屉里取出来一个小箱子，箱子上扣着一个密码转盘，下面还有一些奇奇怪怪的符号。吉姆告诉他，这是一种古老的数字，还有一句类似于咒语的话：一是一，二是二，到十自动变门洞。喵博士是如何破解这个转盘密码的呢？

小提示

转盘下方的符号是古老的数字，仔细观察符号里的门洞、竖条，你觉得它们和吉姆的那句"一是一，二是二，到十自动变门洞"有什么关联呢？快去找找其中的规律吧！

答案：

这些符号里，有几个很像门洞。"到十自动变门洞"，既然这些符号是数字，那么一个门洞会不会代表一个 10 呢？"一是一，二是二"，会不会是说，一条竖线代表 1，两条竖线代表 2，其实也就是每条竖线都代表 1 呢？按这个思路来破解密码，这样第一组符号合在一起就是 53 啦，第二组就是 27，第三组就是 38。在这三组数字中间，还有两个旋转的符号，十有八九是代表转盘旋转的方向了。这样的话，密码就是先把转盘转到 53，也就是让 53 对着转盘顶部的箭头；接着按顺时针方向旋转，将 27 转到箭头那儿；最后再按逆时针方向把 38 转到箭头那里。这就是最终的答案了！你看，这次挑战最重要的还是找规律，一旦我们发现了规律，问题一下就解决啦！

9

地道的尽头

看着吉姆一脸困惑的表情，喵博士提示道："吉姆，你还记得百晓通搞的那场比赛吗？"

"你是说'寻找下一个福尔摩斯'？"吉姆恍然大悟，双手一个劲比画道，"哦！哦！我想起来了，那个比赛的参赛选手，全是和我一般大的小孩。百晓通肯定早就对博物馆的这个秘密地道有所耳闻。他钻不了地道，但他可以指使小孩啊。"

喵博士说道："对。我想，百晓通费尽心机办这场比赛，为的是一石二鸟，同时达成两个目的。一方面，他举办这场比赛，壮大纪念活动的声势，邀请社会各界人士来参加；另一方面，他利用这场比赛，**瞒天过海**，让这些小孩子替他布置炸药。"

"要是这样的话，"吉姆掰着指头算了算日期，焦急地说，"喵博士，过不了几天纪念活动就要举办了，我们得赶紧行动，避免悲剧的发生。"

喵博士抓住吉姆的手，郑重地说道："吉姆，我们不能惊动百晓通。因此，在纪念活动正式开始前，我不能离开工厂。有些事情只能拜托你了！"

吉姆挺直腰板，拍拍胸脯："需要我做什么？尽管说。"喵博士附在吉姆耳边，轻声嘱咐了几句话。

"行，我明白了，包在我身上！"吉姆调皮地眨了一下眼。喵博士和吉姆把设计图放回小抽屉，又把办公室恢复成原来的样子。

吉姆和喵博士分别后，径直回了家。他打开门，屋子里黑乎乎一片，厚厚的窗帘把外面的光线遮得严严实实。吉姆窃喜道："太好了，叔叔不在家。"吉姆进了叔叔的实验室，找到原本放解药的位置。

让吉姆意外的是，柜子里摆着四个一模一样的药瓶。吉姆根本分辨不出哪瓶才是解药。

吉姆盯着眼前的四个瓶子，脑袋都大了。他不敢乱拿，毕竟叔叔喜欢钻研药物，谁知道瓶子里装的是不是毒药呢？"只能碰碰运气了。"吉姆深呼吸，拨通了叔叔的电话。

"叔叔，出事了！出事了！"电话一接通，吉姆就假装慌乱地喊道，"叔叔！我喝错了东西，不小心把你前阵子研发的那个迷魂药水喝下去了。"

"喝下去了？你这孩子，怎么搞的？怎么这么粗心？"电话那端，叔叔的声音半是关心，半是责怪。

"叔叔，这事说起来就太麻烦了，等有时间我再跟你解释。趁药效还没发作，你赶紧跟我说说，解药在哪儿啊？"吉姆的声音已经带着哭腔了。

"就在柜子里啊。噢，对了，我好像放了四个药瓶在那儿。我当时没找到标签纸，忘了给它们做标记。一瓶是迷魂药水，一瓶是它的解药，一瓶是我最新琢磨出来的毒药，还有一瓶是消炎水。至于对应的顺序，我还真记不清了。别着急别着急，你听我说啊，我记得解药在迷魂药水的左边，消炎水在解药的左边，毒药在迷魂药水的右边。算了，吉姆，你还是别乱碰，等我晚上回来。喝了那个迷魂药水，一时半会儿出不了什么大事，你别担心。"叔叔在电话那端絮絮叨叨地说道。

吉姆才不会老老实实地在家里等呢。挂掉电话后，他跑到柜子前，面对着四瓶药水，回忆着叔叔说的话。过了一会儿，他挑出其中一瓶，说："就是你吧？万一错了，我可就死定了！"聪明的同学们，你们知道解药到底是哪一瓶吗？

吸取了上一次药水挥发的教训，这次吉姆特意准备了一个冰袋，把药水瓶裹在了冰袋里。他接下来要去哪儿呢？他来到博物馆对面的小楼里，敲了

敲其中一扇门，哎哟哟馆长出现在门口。现在是下班时间，馆长正在家里看电视。看到面前站着的陌生小孩，哎哟哟馆长疑惑地问道："你好，请问你找谁？"

既然馆长被百晓通控制了，那干脆就打出百晓通的旗号吧。吉姆背着手，大摇大摆地走进了馆长的家里："馆长，博物馆这边的情况怎么样啊？百晓通最近比较忙，没时间过问你这边的情况，派我来看看。"

"百晓通没时间？他今天上午不是刚来过吗？"哎哟哟馆长有点儿摸不着头脑。

"哦！对对对，上午刚来过。"吉姆抬头望望天花板，试图掩饰自己的尴尬，"下午还得再视察一次。非常时期，务必要小心小心再小心。"

"你真的是百晓通派来的吗？"哎哟哟馆长狐疑地打量了吉姆一番，"要不你证明给我看看。

百晓通上午让我装扮一下博物馆的大门。他给了我 10 束花，让我把花排成 5 排，每排还得有 4 束。百晓通还说，要是想不出来也没关系，他下一次过来的时候会告诉我。你要真是他派来的，肯定知道答案吧？"

吉姆挠了挠头，向馆长借来笔和纸，画了起来。同学们，你们知道这些花应该怎么排吗？

没过多久，吉姆把纸递给馆长："百晓通确实告诉过我答案。喏，你看，这样安排不就可以了吗？"

"你还真是他派来的。"哎哟哟馆长看到答案，消除了戒心。

吉姆取出冰袋里的解药，说道："这是百晓通让我给你的，可以提神醒脑、强身健体，让你赶紧喝掉。"

听到是百晓通的要求，哎哟哟馆长也不多问，他接过解药，**咕嘟咕嘟**全喝了下去。不承想，解药的剂量太大，药劲过猛，老人家身体受不住，竟然

昏睡了过去。吉姆只好把馆长扶到沙发上休息。

　　安置好馆长后，吉姆钻到床底下，仔细摸索床底下的地砖。果然如吉姆料想的一样，好几块地砖都是可以搬动的。原来啊，吉姆先前认真研究过设计图纸，他发现地道的入口并不在博物馆里，而在博物馆对面的小楼里，也就是馆长现在住的房间里，确切的位置是在东北角的床底下。

　　搬开地砖后，吉姆的面前出现了一条狭窄的**地道**。他拿着手电，小心翼翼地钻了进去。地道的尽头，果然摆放着一箱炸药！他决定先把这箱炸药带出去。吉姆一边拉着炸药箱，一边艰难地退着走。

　　这箱炸药该怎么处理呢？百晓通精心策划的大阴谋，吉姆和喵博士能不能应付呢？

逻辑推理:
用递进法一步步解决问题

1. 吉姆要去拿解药,但他的叔叔不记得四瓶药水里哪瓶是解药了,只记得解药在迷魂药水的左边,消炎水在解药的左边,毒药在迷魂药水的右边。那么解药到底是哪一瓶呢?

2. 百晓通给了哎哟哟馆长10束花,并让他把花束排成5排,每排还得有4束。该怎么排呢?

小提示

1. 要解决这个问题,就要根据已知的线索逐一排出药瓶各自的位置,这就是逻辑思维中的递进法,一步一步地解题,直到找到最终的答案。

2. 要是用常规的方法去想,10束花当然不够啦。可是,谁说每一排花都必须平行地排列呢?假如我们换一个角度,让某几束花被某几排共用,会不会出现令人满意的结果呢?

答案:

1. 我们一句话一句话地看,首先,解药在左,迷魂药水在右。消炎水又在解药的左边,那现在的顺序就是最左边是消炎水,中间是解药,右边是迷魂药水。最后一句话,毒药又在迷魂药水的右边。这下,四瓶药水的位置就全都确定了,它们从左到右就是消炎水、解药、迷魂药水、毒药。所以解药就是从左边数第二瓶。

2.这道题的答案啊，是布置成一个五角星的形状，即在五角星的五个顶端和五个交叉点上，各放上一束花。这样就满足百晓通的要求了。

10

抓捕百晓通

吉姆忙活了半天后，坐在沙发旁的扶手上，等着馆长苏醒。

哎哟哟馆长睁开眼睛时，发现身旁围坐着好几个陌生人。馆长眨了好几下眼睛，怀疑自己看花了眼："你们是……"

一个面容严肃的大胡子男子出示了证件："馆长，您别害怕，我们是警察，是这位吉姆小朋友报的警。百晓通作恶多端，您是人证。"大胡子又指了指地上的炸药，"这算是物证。我们会把它带回警察局，交给拆弹专家处理。"

"你们是……警察？"见他们都是普通人打扮，

哎哟哟馆长很纳闷，"你们为什么没穿警服啊？"

"穿警服过来太引人注目，会惊动百晓通的。"大胡子警察压低声音解释道，"还有好几个孩子在百晓通手里，得把他们安全解救出来。馆长，我们还要陪百晓通演一场戏，让他再嚣张几天。"

喵博士和吉姆紧张地等了好几天，终于等到了举办纪念活动的日子。纪念活动中非常重要的环节之一，就是"寻找下一个福尔摩斯"的决赛。百晓通把喵博士和其他几个进入决赛的小选手都带到了现场。

百晓通是决赛的主持人，他意气风发地走上舞台，环视四周。来宾们都到齐了，记者们也坐在台下，摄像机早已架好。

"咳咳，"百晓通故意咳嗽了两声，示意全体安静，"大家好，感谢各位能在百忙之中抽出时间参加此次纪念活动。各位都是福尔摩斯的忠实粉丝。

福尔摩斯有勇有谋，确实值得大家喜欢。"客人们笑容满面，纷纷鼓起掌来。

"但是，我今天想为大家介绍另一个人——**莫里亚蒂教授**！"百晓通话锋一转，轻声笑了起来。

"莫里亚蒂教授？那不是福尔摩斯的死对头吗？"观众们面面相觑，不明白百晓通是什么意思。

"福尔摩斯足智多谋，但莫里亚蒂教授的谋略，绝对不在福尔摩斯之下。凭什么福尔摩斯的名字家喻户晓，莫里亚蒂这个名字却少有人知？可笑！"百晓通的表情变得狰狞起来，"今天的活动是全球直播，现在的通信技术真是太发达了。我们的记者朋友有这么多摄像机，可以给全球的观众直播一回爆炸现场。大家说，这个主意怎么样？"

"百晓通！你要干什么？你不要乱来！"一些人大声质问道。

"别激动啊。"百晓通耸耸肩，说道，"莫里

亚蒂教授只是想送各位一点儿'礼物'，就在大家脚下。我相信，大家收到这份大礼后，一定会永远记得莫里亚蒂这个名字！"

"百晓通，你什么意思？说清楚！快，快抓住他！"坐在前排的观众一拥而上，想要抓住百晓通。

"哈哈哈，别妄想了！"百晓通轻轻跺了一下脚，舞台中间就出现了一个入口。他扑通一下跳了进去，消失在众人的视线中，入口也自动合上了。

人群骚动起来，大家都忐忑不安地揣测百晓通的话。

"我知道百晓通的意思，"喵博士走上舞台，对着话筒说道，"他在博物馆的地道里布置了炸药。"

观众们的脸一瞬间失去了血色，他们都被吓得尖叫起来："啊——逃命啊——"博物馆里乱作一团。

"大家不要紧张！炸药早就被拆除了！"喵博士大声地安抚着大家。他又指着观众席背后的入口处说道："百晓通，你不用等了。"

众人扭过头，发现百晓通正站在入口处。只见他惊讶地望着喵博士，说不出一句话。舞台是他特意设计的，他跳下舞台后，从通道里绕了出来，现在正站在入口处，一边等人，一边看热闹。

"百晓通，你在等飞毛腿的车，我说得对吧？他不会来了。警察早就在场外截住了他的车，他已

经被抓了。你的炸药也不会响了。"

百晓通咬牙切齿地说："喵博士！原来你早就醒了。我真后悔，早在抓住你的那一天，我就该杀了你。"

"别废话了！百晓通，束手就擒吧。"几个"记者"放下手里的设备，准备冲上去。他们其实是警察乔装打扮的。

"别过来，睁大你们的眼睛看看，这是什么！"百晓通怒吼着，敞开了外套。

靠近百晓通的人吓得连忙后退。百晓通的腰上，居然绑了一排炸药。

百晓通拢上外套，恶狠狠地说道："喵博士，我肯定有两手准备呀。谁敢抓我？只要我点燃炸药，大家都跑不了！"

喵博士的心提到了嗓子眼："百晓通，你不要乱来！"

　　"走开！走开！"百晓通快步向后退，退到了一辆警车前，"钥匙！快给我！"

　　大胡子警察扬了扬下巴，一个警察心不甘情不愿地把钥匙扔了过去。百晓通接过钥匙，跳上了车。他跳上车时，不小心撩起了自己的外套。

　　喵博士眼睛一亮，大喊道："我们上当了！炸药没有引线。"

　　"我这么怕死的人，会拿自己的性命开玩笑吗？喵博士，可惜你发现得太迟了。"百晓通猛踩油门，扬长而去。

　　大胡子警察迅速奔向另一辆警车，对着喵博士大喊："快上车！我看他走的方向，应该是去港口，我知道一条近道。"

　　大胡子警察带着喵博士赶到港口时，百晓通刚抢了一艘快艇离开岸边。喵博士看了看，岸边已经没有快艇了，但是有一艘气垫船刚刚发动，船

长应该就是被抢的快艇的主人，他正在船上骂骂咧咧呢！

喵博士以迅雷不及掩耳之势，拉着大胡子警察跳上了气垫船，说："船长，这位是警察，快走！我们一起追坏人！"

气垫船像离弦的箭一样向前飞驰。喵博士看了看手表，说："我们比百晓通的快艇晚出发了30秒。船长，那艘快艇的速度是多少啊？"

船长好像这才回过神来，激动地说："你们真是警察啊？一定要帮我抓住那个混蛋！你问快艇的速度啊……它的速度最快是每秒20米！"

喵博士又问："你对这儿的水流肯定很熟悉，要去下一个港口的话,都是顺流吗？"船长连连摆手："不不不！先顺着水流前进1000米，之后有个交叉口，要拐到另一条河，然后就得逆着水流走1000米！对了，根据我的判断，这两条河的水流速度都是差不多每秒 10 米。"

喵博士继续问道："那我们这艘气垫船最快能开多快？"

船长说："跟快艇一样，也是每秒 20 米！"

喵博士自言自语："据我所知，气垫船不受水流速度的影响，顺流、逆流都一样……"突然，他眼睛里放出了光芒，兴奋地叫道，"大胡子叔叔，看来百晓通是跑不掉了！"

同学们，喵博士他们真的能在下一个港口截住百晓通吗？大家先动笔算算，再去看后面的答案吧。

分类集合：
每种情况分类分步讨论

　　喵博士和大胡子警察一起去追百晓通，追到港口时，百晓通率先抢了一艘快艇逃走了，这艘快艇的速度是 20 米／秒。相隔 30 秒后，喵博士他们乘坐一艘同样速度的气垫船去追百晓通。两艘船都要先顺着水流前进 1000 米，再逆着水流前进 1000 米，唯一的区别在于，快艇受水流影响，而气垫船不受水流影响。顺流和逆流的水速都是 10 米／秒，那么喵博士能在下一个港口追上百晓通吗？

小提示

　　这个问题的关键就在于两艘船的速度是否受水流影响。因为百晓通的快艇受到了水流影响，两段路程的水流方向又不一样，所以我们就要分步骤进行考虑。如果顺着水流的方向走，快艇就会加速行进；而如果逆着水流的方向走，行进的速度就会降下来。你来算算两段航程中快艇的速度分别是多少吧！

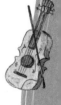

答案：

　　由于快艇和气垫船不同，所以在计算速度时，我们要分别考虑、分步计算。

　　在顺流时，快艇行进的速度，就是快艇本身的速度加上水流的速度，也就是 30 米 / 秒（20+10=30），那么百晓通行进第一个 1000 米时，所用的时间就是距离 1000 米除以速度 30 米 / 秒，大约需要 33 秒；逆着水流方向前进时，快艇行进的速度就是船速减去水流的速度，也就是 10 米 / 秒（20-10=10），所以逆流行进的 1000 米，就需要花 100 秒才能走完。这样算下来，快艇总共花费的时间大约是 133 秒（33+100=133）。

　　而喵博士乘坐的气垫船呢？由于气垫船不受水流速度的影响，所以无论顺流还是逆流，气垫船的速度都是 20 米 / 秒，整个航线总长度为 2000 米，喵博士所花费的时间就是 100 秒（2000÷20=100），比百晓通节省了 33 秒。所以，即使喵博士比百晓通晚出发 30 秒，也还是能够先到达下一个港口。

11
爆炸危机

喵博士和大胡子警察他们果然在下一个港口截住了百晓通。

"不许动！举起手来！"大胡子警察掏出手枪，远远地指着百晓通的脑袋。百晓通顺从地举起双手。

"过来！到我们这艘船上来！"

百晓通又老老实实地上了气垫船。

喵博士着急地问他："百晓通，你总共有9箱炸药。吉姆在博物馆的地道里找到了1箱，剩下的8箱炸药在哪里？"

听到这话，百晓通仰天大笑："哈哈哈哈，喵博士，你还不算太笨嘛！我费了这么多心血，目标肯定不止一座小小的博物馆。到了这个时候，我也不妨告诉你，剩下的 8 箱炸药已经被我藏到了另外 **8 座建筑**里，都是伦敦城里有名的建筑，附近的人很多哟！我找那么多小孩，都得派上用场嘛！"

喵博士惊呼："什么？！你还是人吗？"

百晓通继续得意地说："我把那些炸药都设置成了自动爆炸。让我看看时间，哇，你还剩 3 个小时。3 个小时后，这 8 箱炸药会同时爆炸——**砰！**"

喵博士涨红了脸，大骂道："百晓通！你太歹毒了！"

百晓通冷笑了一声，从口袋里拿出一张地图："喵博士，另外 8 个地方在哪儿，我已经标记在这张地图上了。"趁着大家把注意力放在地图上，他快速后退两步，站到了船头，"喵博士，你单独过来，我就把地图给你，不然……"百晓通说着，扬起了地图，作势要往河里扔。

　　"好！"喵博士知道百晓通肯定不怀好意，但他没有别的选择，只能走上前去，站到百晓通面前。

　　"我说话算数，给你。"百晓通把地图递给了喵博士。就在喵博士伸手接地图时，百晓通猛地一推，他想把喵博士推到河里去。

　　"啊！"混乱当中，喵博士一手抓住地图，一手扣住船舷，整个身子都挂在船外。

　　"喵博士，抓住我的手！"大胡子警察冲到船边，

把喵博士拉了上来。同时，另外几名警察也扑上去，把百晓通摁倒在地。

"百晓通，老实点儿！"大胡子警察愤怒地指责道。

看到喵博士安然无恙地爬上了船，百晓通愤怒到了极点，把牙齿咬得**咯咯作响**。他不知哪儿来的力气，竟然挣脱开了警察的控制，像一头失去理智的公牛一样，径直向喵博士撞去。大胡子警察眼疾手快，一把拉开了喵博士。百晓通自作自受，重重地撞上了船舷，鲜血沿着他的脑门汩汩地流了出来。

"血……血……"百晓通又惊又痛，两眼一黑，晕了过去。大胡子警察立刻派人把百晓通送去了医院。

喵博士展开手里的地图，地图上确实工工整整地标记了8座建筑。看清楚它们的位置后，喵博士有些犯难："大胡子叔叔，这8个地方在伦敦的四面八方，隔得太远。我们要是一个一个找，时间来

不及！"

大胡子警察皱着眉头说："那我赶紧通知警察局，加派人手，分头行动。"

"找是要找，我们也得再想想别的办法。"喵博士盯着地图又看了一会儿，"叔叔，你看，这座钟楼在伦敦市中心，百晓通在这里做了特别的**红色标记**，这一定代表某种重要信息。可百晓通一时半会醒不过来……对了！我们可以去问飞毛腿。"

飞毛腿已经被关了起来。大胡子警察载着喵博士赶回警察局。喵博士把地图拿给飞毛腿看，问他标在钟楼上的特殊标记是什么意思。

飞毛腿傲慢地说道："你们去问百晓通呗！找我干吗啊？"

大胡子警察敲了敲桌子，以示警告："百晓通乘坐快艇逃跑，被抓捕时，他又撞坏了脑袋，现在还躺在医院昏迷不醒。"

听到这话，飞毛腿贼溜溜地说："哎呀，警察先生，喵博士，你们都被他骗了。这些标记是他乘船逃跑时乱画的，他骗你们呢！你们都上当了。"

"飞毛腿！你别耍花招。"喵博士气愤地说道，"地点的真假我不敢保证，但这些标记绝对不是百晓通在船上画的。船颠簸得非常厉害，形势又那么危急，谁能在这种情况下画出这么工整的标记？"

"哼！"飞毛腿别过头，不愿意说话。

见飞毛腿不配合，大胡子警察说道："飞毛腿，我们正在派人排查这8座建筑。人手不够，我想给你一个将功补过的机会，就把你也派去吧。不过，万一碰上炸弹爆炸，我们也救不了你。收拾收拾出发吧！"

"好好好，我说。"飞毛腿不情愿地说道，"本来的安排，是博物馆被炸后，其他地方自动引爆。但百晓通怕出意外，特意做了两手准备。就是那

个红色标记，它代表的是总开关，控制着剩下的 8 箱炸药。果然，博物馆那边出了问题。但百晓通早就用总开关定了时，你们再不去，炸药就要爆炸了！"

"快！去钟楼！"大胡子警察心急如焚。"把飞毛腿也带上！"喵博士补充道。听到这话，飞毛腿忍不住低声咒骂。

喵博士一行人火急火燎地赶到了钟楼下。飞毛腿的双手被手铐铐着，他只能昂起头，冲着高处说："就在上面！在**时钟**的背后。"

"走，你带路！"大胡子警察命令道。

飞毛腿自然开始担忧自己的小命，他**噔噔噔**跑上楼，找到了时钟背后的总控装置。

喵博士跑上楼时，累得上气不接下气。当看到飞毛腿面前的倒计时后，他几乎忘了呼吸。倒计时显示，只剩 3 分钟，炸弹就要爆炸了。喵博士还看见，总控装置上有许多按键，中间是一个大大的"解除"键。他急忙问飞毛腿："这么多按键是什么意思？是不是只要按解除键？"

飞毛腿连声说："别别别！可别乱按，按错了会提前引爆的！"喵博士抓住飞毛腿的衣领吼道："快说！密码是多少？"飞毛腿也嚷了起来："这事不归我管，我也不知道密码啊！我就听百晓通说过，一共要按5个按键，而且顺序不能错。喵博士，你不是自认为聪明绝顶吗，赶快去破解，别拉着我跟你一起死。"

　　喵博士冲回去，紧张地看着那些密密麻麻的按键。倒计时装置**嘀嗒**作响，喵博士定定神，认真思考。他到底应该按下哪几个按键呢？同学们，快来帮帮喵博士吧。

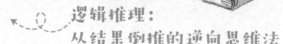
喵博士要关闭控制炸药的总开关，这个开关上有很多按键。想要解除危险，需要找出 5 个按键，而且，顺序还不能按错。喵博士到底应该怎么按呢？

小提示

要想关闭开关，最后一个按键应该是中间的解除键，它就是我们要找的第一个目标按键。接下来再找 4 个就行了。我们先来仔细观察一下这个总控装置，所有带数字的按键都还带着箭头，这应该就表示按箭头方向走几步的意思。如果解除键是最后一个按键，那么它的上一个按键是哪个呢？所以这个挑战其实是让我们从解除键出发，倒着推，找出另外 4 个按键。

答案：

　　现在以解除键为中心，把所有指向它的按键都找出来，就会发现只有第二行中间那个黄色的，带着1和下箭头的按键指向解除键。如果从这个黄色的按键出发，按数字和箭头提示走，那就是向下走1步，刚好到达解除键。接下来继续倒推，哪个按键可以到达这个黄色的1呢？还是先看箭头，整个键盘上，有两个按键的箭头指向了它，恰好在它的左边和右边，我们把数字算上，绿色的那个按键往左走一步，就可以走到黄色按键，所以第二行的这个绿色的1，就是我们要找的另一个目标啦。按照这个思路，剩下的也不难找出来。这个挑战中用到的方法就是倒推法，是一种逆向思维，从结果往前推，在生活中很多时候都会用到。不过，按下按键的顺序可别忘了，要根据我们找出来的目标，反着按哟！最后的顺序应该是"3→，2↑，1←，1↓，解除"，千万别弄错了哟！

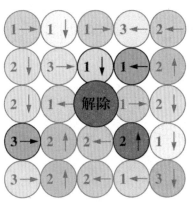

12
当之无愧的喵尔摩斯

在钟楼上，喵博士临危不乱，按下了正确的按键，倒计时装置在还剩 10 秒时停止运行。

"好险，好险！"飞毛腿双腿一软，跌坐在地上。喵博士也伸手抹掉了额头上的汗珠。

大胡子警察握住喵博士的手，激动地说："喵博士，这批炸药要是爆炸了，后果**不堪设想**！是你阻止了惨剧的发生，立下了大功。"

大胡子警察记下喵博士的联系方式，就押着飞毛腿回警察局了。警察们离开后，喵博士也匆匆走出钟楼，他心里还牵挂着另一件大事。

喵博士刚一跨出门，就有人拍了拍他的肩膀：

"嘿，你要去哪儿啊？"喵博士回过头，只见吉姆调皮地冲他扮了个鬼脸。

"听说你们往钟楼来了，我也过来看看。没想到，你们已经结束'战斗'了。喵博士，你要回博物馆吗？"吉姆问。

"我暂时不回去。"喵博士压低声音说，"吉姆，我要去找金条。"

"金条？你说的是这种金条吗？"

喵博士这才注意到吉姆手里拿着一个小盒子。吉姆笑嘻嘻地打开盒子，里面装满了沉甸甸的金条。

喵博士惊讶地问道："吉姆，你手里怎么会有金条？你知道其他金条的下落吗？"

"喵博士，你忘了吗？百晓通找我叔叔帮忙，许诺重金酬谢，这就是百晓通给我叔叔的定金。我叔叔是爱财，但他更爱命，他知道百晓通干的坏事后，忙不迭地把金条全拿了出来。我记得你说过金条的事。"

喵博士喜出望外。他把金条一事的来龙去脉说了一遍，接着告诉吉姆："你手里的金条只是一小部分，百晓通当时带过来的有两箱呢。我打算回工厂看看，那儿是百晓通的老巢，金条应该还在那儿。我知道一条近路，咱们坐船过去吧。"

不一会儿，他们抵达了码头。那儿停着许多艘船。喵博士他们问了一圈，这会儿正是船只管制时间，只有一艘红色的船能载他们。可是，其他船横七竖八地挡住了红船前进的方向。红船的船主好像慌了神，一时不知道该怎么调度。喵博士只好上前去帮忙。船主告诉他，在管制时间里，这里的船不能转弯，只能前进或后退。更糟糕的是，再过 5 分钟，连这艘红船也不能离开了。

那么，喵博士要怎样才能以最快速度把其他船挪开，让红船顺利离开呢？

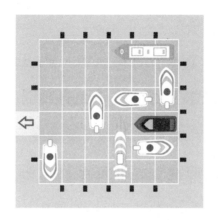

喵博士冷静思考，终于赶在管制之前，把红船前面的河道让出来了。同学们，你们知道他是怎么调度的吗？

红船一路飞速航行，不久，喵博士和吉姆回到了工厂里。

厂区很大，房间也很多。但因为废弃太久，厂区里空荡荡的，最大的房间里倒是有一台废旧的大机器。他们俩把厂房翻了个底朝天，还是没有找到金条。

吉姆忙活半天，累得浑身是汗。他扶着机器说："喵博士，你说，那么大的两箱金条，百晓通能把它们藏哪儿去呢？"

　　喵博士推了推面前的机器，机器纹丝不动。喵博士沮丧地低下头："我也觉得纳闷，总不能凭空消失了吧。咦？吉姆，你脚下踩的是什么？"

　　"什么东西？"吉姆好奇地低头看。原来他脚下踩着一块布，这块布还被机器死死压着："这块布好像是百晓通的衣服上的，我见过。"

　　喵博士灵光一现："我怀疑这里有入口。百晓通进出时，他的衣服不小心被夹住了，于是扯下了这一块。吉姆，入口的机关说不定就在机器上。"

　　"喵博士，这个会不会是机关？"吉姆发现机器上的其他**螺母**都是六角的，唯独这个是五角的。他一边说着，一边用力把它扭了一圈。

　　吉姆刚把手松开，庞大的机器就转动起来。当机器挪开后，他俩面前出现了一口枯井。一股霉味涌了上来。喵博士和吉姆趴在井边往下望，井里黑

漆漆的，什么也看不见。喵博士把麻绳的一头绑在机器上，把另一头扔进了枯井。他又使劲拽了拽绳子，绳子挺结实的："吉姆，我顺着绳子下去看看，你在上面等我吧。"

喵博士找到一把手电筒，接着便拽着绳子，慢慢往井底滑。快到井底时，他打开手电筒一看，哇！井底放着的，就是他要找的两箱金条。百晓通真的把金条藏在了这里。

喵博士和吉姆费了九牛二虎之力，才把箱子从井底弄了上来。

吉姆问道："喵博士，现在金条是

找到了，可你要怎么才能穿越回去呢？"

喵博士叹了口气，说："我也为这个问题发愁呢！之前一直想着怎么找金条，现在真的找到了，我又要怎么才能回去和福尔摩斯见面呢？"吉姆出主意说："百晓通他们不是有时空之门吗？让他们帮你回去呢？"喵博士回答道："我也想过找他们，可又不知道他们会不会耍什么花招。如果他们跟我一起穿越过去了，不知道又会惹出什么麻烦事来。"

喵博士心事重重地绕着金条走来走去，脑袋上的毛都被自己揪了好几撮下来："不行，我还是得去找百晓通他们试探试探。吉姆，你一个人看着这些金条能行吗？最好别告诉警察，不然，估计半天也解释不清楚。"吉姆为难地看着地上的箱子："这……如果真有坏人来，我一个人也拦不住啊！"

喵博士纠结地走到门口，又纠结地走回来，接着又走到门口。终于，他跨到了门外，说："不能

这么僵着了，我必须去找百晓通。"

他向外冲去，没跑几步，就撞到了一个人。他抬头一看，天哪！这不是福尔摩斯吗？

福尔摩斯笑眯眯地看着他说："喵博士，恭喜你！你已经成为一名合格的侦探了。格林老先生的财富失而复得，他一定会非常高兴。"

"什么？格林老先生的财富失而复得？"喵博士疑惑地往周围扫了一眼——呀！两箱金条正安安静静地躺在不远处。喵博士激动得原地跳起三尺高："太好了！金条一起回来了！"

他平静下来后，好奇地问福尔摩斯："为什么我能这样见到你啊？连金条都跟着我一起回来了。"福尔摩斯不紧不慢地说："研发时空之门的托马斯说过，我们之间有心电感应。你完成了这么重要的任务，是强烈的意念把你和你心里最惦记的金条，一起带回了这里。百晓通把金条盗走，是想作为他们的犯罪基金。假威尔逊、百晓通、飞毛腿，这些小喽啰是被抓住了，但他们背后的莫里亚蒂还一直逍遥法外。他的阴谋仍在继续。我和莫里亚蒂之间的较量，还没有结束。"

接着，福尔摩斯一把将喵博士搂在怀里，高兴地说："谢谢你，喵博士，哦不，我应该正式称呼你为喵尔摩斯了！因为你已经用你的智慧、勇气和善良得到了这当之无愧的称号！希望我们是一辈子的好朋友！"

一下子受到大偶像福尔摩斯突如其来的夸赞，喵博士不禁有些受宠若惊，一时不知所措，只好语无伦次地说："这，没什么没什么，这些都是我应该做的……"话虽如此，其实啊，喵博士心里别提有多美啦！

逻辑推理：
终点即起点的逆向思维法

喵博士要调度船只，好给他们坐的红船让出一条通往出口的河道。当时是在管制时间，所有船都不能转弯，只能前进或后退。喵博士只有 5 分钟来调度这些船，他该怎么做呢？

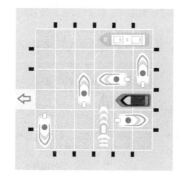

遇到这种情况不要慌。先仔细看清楚，那些横七竖八的船，到底哪些才是真正挡路的船。你会发现，挡在红船前面的只有两艘船，一大一小，所以，只要把这两艘船挪开就可以了。但想要移动大船可能有点麻烦，它前面还有两艘船挡着它呢，那就要想办法先把那两艘船挪开。

答案：

我们先给这些船标上序号吧。挡住了红船的是 1 号船和 2 号船；而 2 号船又被 3 号船和 4 号船挡住了，所以我们就要先挪

开这两艘船才行。这个挑战再次用到了我们生活中常用的逆向思维——想要解决问题，先想想它之前的那一个问题是什么，一步一步倒推，一步一步解决。其实这个挑战的解决方法有好几种，你知道最快的方案是什么吗？

第一步，移动 1 号船；第二步，移动 4 号船；第三步，移动 3 号船；第四步，移动 2 号船。

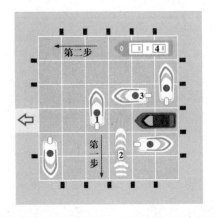

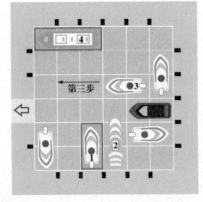

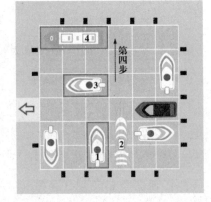

最后，红船就可以开出去了。

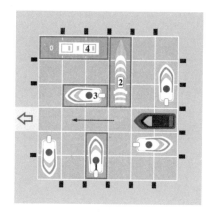